Economica Laterza
340

Della stessa autrice
nella «Economica Laterza»:

Qualcosa di inaspettato.
I miei affetti, i miei valori, le mie passioni

Della stessa autrice
in altre nostre collane:

La radioastronomia alla scoperta
di un nuovo aspetto dell'universo
«Biblioteca di Cultura Moderna»

Margherita Hack

Vi racconto l'astronomia

in collaborazione con Loris Dilena e Aline Cendon

© 2002, Gius. Laterza & Figli

www.laterza.it

Edizioni precedenti:
«i Robinson/Letture» 2002

Nella «Economica Laterza»
Prima edizione ottobre 2004

Edizione
18   19   20   21   22

Anno
2014   2015   2016   2017   2018

Progetto grafico di Luigi Fabii / Pagina

L'Editore è a disposizione di tutti
gli eventuali proprietari di diritti
sulle immagini riprodotte,
là dove non è stato possibile rintracciarli
per chiedere la debita autorizzazione.

Proprietà letteraria riservata
Gius. Laterza & Figli Spa, Roma-Bari

Questo libro è stampato
su carta amica delle foreste

Stampato da
SEDIT - Bari (Italy)
per conto della
Gius. Laterza & Figli Spa
ISBN 978-88-420-7432-8

Loris Dilena (Trieste, 1953) è
disegnatore tecnico presso l'INAF
Osservatorio Astronomico di Trieste,
fotografo e conferenziere.
È autore, fra l'altro, di: *L'Istria attraverso
la natura* (1993); *Istria: Cherso Lussino
Veglia. Oasi di natura* (con G. Turzi,
1997); *Carso: due lingue, un altipiano*
(con A. Cendon e G. Turzi, 2000);
*La mia Firenze. In riva all'Arno
con Margherita Hack* (2003);
Venezia e il legno (con A. Cendon, 2004).

Aline Cendon (Venezia, 1967)
si è laureata in Lettere a Bologna.
Ha pubblicato fra l'altro:
Bologna, istruzioni per l'uso (1996);
Venezia, istruzioni per l'uso (1997);
Carso: due lingue, un altipiano
(con L. Dilena e G. Turzi, 2000);
Venezia e il legno (con L. Dilena, 2004).
Da tempo collabora per la RAI
alle trasmissioni di Sergio Zavoli.

PREFAZIONE

Questo libro è nato da un'idea di Loris Dilena. Siccome ogni giorno mi arrivavano e mi arrivavano lettere e posta elettronica da ragazzi e ragazze, e anche da bambini e bambine, da ogni parte d'Italia, che mi fanno le domande più varie sull'astronomia, Loris mi disse: «Ma perché non racconti anche a me e ad Aline Cendon quello che scrivi in risposta a questi ragazzi?».

Da una serie di sedute tenute a casa mia prima di cena, fra la televisione accesa, con un orecchio al telegiornale, e le chiacchiere di altri amici, noi tre cercavamo di parlare di astronomia. Così, avuto il testo originale in lingua «parlata», l'ho riscritto e ripulito dalle tante ripetizioni, ed ho cercato di raccontare che cos'è l'astronomia, di cosa si occupa quella parte più moderna che è l'astrofisica, e gli straordinari progressi fatti in questi ultimi cento anni nella conoscenza dell'universo, dal nostro sistema solare alle più lontane galassie, la cui luce ci arriva dopo un viaggio durato circa 14 miliardi di anni.

I programmi delle nostre scuole, per quanto riguarda l'astronomia sono ancora fermi a un secolo fa, e la inseriscono fra le scienze naturali. Invece l'astronomia è una branca fondamentale della fisica, e pertanto dovrebbe essere insegnata dai docenti di fisica. Difatti, l'astronomia è uno straordinario esempio delle applicazioni di tutte le parti della fisica.

La meccanica celeste è un'applicazione delle leggi del moto; è stata la principale branca di ricerca da Galileo e Newton fino all'inizio del XX secolo, quando è stata surclassata dagli studi della fisica dei corpi celesti. È poi tornata di moda con l'era spaziale, con le sonde e i satelliti artificiali. Un grande contributo a questa scienza «ringiovanita» l'ha dato un italiano, Giuseppe Colombo, prematuramente scomparso. A lui si deve la tecnica del «rimpallo gravitazionale» che ha permesso l'esplorazione del sistema solare da parte delle varie sonde.

Le leggi dell'ottica sono largamente applicate per i progetti e la realizzazione dei più svariati tipi di telescopi astronomici.

Fondamentale in astronomia è la conoscenza delle leggi che regolano l'emissione di radiazione da parte della materia. Sono esse che hanno permesso di decifrare gli «spettri» delle stelle, delle nubi di gas e polveri interstellari e delle galassie, dandoci informazioni sulla loro temperatura, densità, stato della materia (solida, liquida o gassosa), composizione chimica e loro moti.

Le fonti dell'energia emessa dalle stelle sono una conseguenza della fisica nucleare, mentre le condizioni dell'universo primordiale vengono parzialmente riprodotte negli acceleratori di particelle che studiano la struttura della materia.

Le teorie di Einstein della relatività ristretta e della relatività generale trovano numerose conferme sperimentali in quel grande laboratorio che è l'intero universo.

Tutte le nostre conoscenze odierne sono state possibili anche grazie al rapido sviluppo della tecnologia e soprattutto dell'elettronica e dell'informatica.

La maggior parte delle tavole a colori sono state gentilmente fornite da Steno Ferluga, a cui vanno i miei più sinceri ringraziamenti.

Margherita Hack

VI RACCONTO L'ASTRONOMIA

CAPITOLO I
STORIA DELL'ASTRONOMIA DALL'OSSERVAZIONE A OCCHIO NUDO AI RADIOTELESCOPI

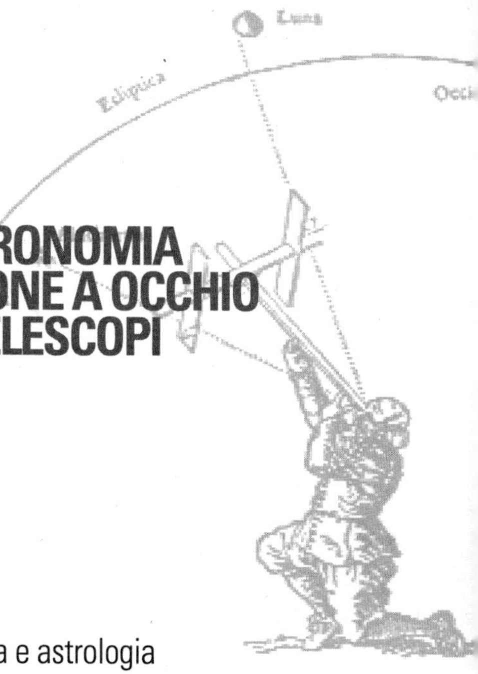

1. Astronomia, astrofisica e astrologia

Sin dalla più remota antichità l'uomo ha cercato di comprendere l'universo che lo circonda, d'interpretare i movimenti degli astri, i disegni delle costellazioni, la ciclicità di alcuni eventi come il succedersi del giorno e della notte e quello delle stagioni. L'*astronomia* è la scienza che studia i corpi celesti, cioè le stelle e i pianeti; oggi, con questo nome, s'intende in particolare l'astronomia classica, le cui origini risalgono agli albori della civiltà.

In particolare gli antichi greci e poi gli arabi si erano accorti che la posizione degli astri cambiava col tempo, e distinsero le stelle dai pianeti, osservando che le stelle conservano la stessa posizione relativa l'una rispetto all'altra, mentre i pianeti si muovono tra di esse: «pianeta», infatti, è una parola che deriva dal greco e significa «stella errante». I greci consideravano pianeti il Sole, la Luna e i cinque visibili ad occhio nudo, ossia Mercurio, Venere, Marte, Giove e Saturno. Oggi la parola pianeta indica i corpi celesti, Terra inclusa, che ruotano intorno al Sole. Il Sole è una stella. I corpi minori che orbitano attorno ai pianeti – e con essi intorno al Sole – si chiamano «satelliti». La Luna è il satellite della Terra.

Astronomi dell'antica Grecia

Eudosso (408-355 a.C.) pensava che i corpi celesti fossero fissati a varie sfere trasparenti ruotanti su assi distinti; la Terra era immaginata immobile al centro di queste sfere. Solo Aristarco, vissuto all'inizio del terzo secolo a.C., intuì che era invece la Terra a ruotare su se stessa e intorno al Sole; un'idea che sembrava assurda ed ebbe moltissimi oppositori fino ad essere quasi dimenticata e che fu ripresa nel secolo XVI da Copernico. Aristarco ideò anche un metodo ingegnoso per determinare il rapporto delle distanze della Luna e del Sole e per misurare la distanza Terra-Luna, poi messo in pratica da Ipparco. Anche se sottostimò grandemente la distanza Terra-Sole, Aristarco si rese conto che il Sole era di gran lunga più grande e luminoso della Luna e forse fu proprio per questo che lo pose al centro del sistema solare. Eratostene (276-195 a.C.) misurò la circonferenza della Terra.

Lo scrittore latino Plinio il Vecchio (23-79 d.C.) ci tramanda che in una notte di luglio del 134 a.C. apparve nel cielo una nuova stella che, dopo aver brillato d'uno splendore vivissimo per qualche tempo, andò poi gradualmente affievolendosi. La constatazione della comparsa di nuove stelle aveva indotto l'astronomo greco Ipparco (nato verso il 180 a.C.) a compilare un catalogo di tutte le stelle «affinché i posteri potessero conoscere se realmente si producevano cambiamenti nel cielo». In effetti, nel corso dei secoli si è registrata l'apparizione di molte stelle, alle quali è rimasto il nome di «novae» dato dagli antichi. In realtà non si tratta di stelle nuove – cioè non nascono nel momento in cui appaiono ai nostri occhi – ma di stelle che aumentano improvvisamente di splendore a causa di fenomeni esplosivi.

Ipparco misurò per la prima volta la distanza della Luna ottenendo un valore molto vicino a quello misurato oggi (circa 60 volte il raggio terrestre) e determinò anche la distanza Terra-Sole, che risultò fortemente sottostimata – circa 21 volte più piccola del suo vero valore – non perché il metodo fosse sbagliato ma a causa di errori di misura.

Ipparco arrivò alla conclusione che i corpi celesti si muovono percorrendo traiettorie che chiamò «epicicli» e «deferenti», e fornì a Tolomeo (100-178 d.C.) una serie di osservazioni sistematiche che quest'ultimo raccolse nell'*Almagesto*, il più grande libro di astronomia dei tempi antichi, nel quale viene descritto un sistema geocentrico con il Sole, la Luna e i pianeti che ruotano attorno alla Terra, sistema che dominò fino al XVI secolo, cioè finché Copernico introdusse l'ipotesi eliocentrica.

L'astronomia comprende la branca dell'*astrofisica*, cioè lo studio della fisica dei corpi celesti, che si è sviluppata nel corso degli ultimi due secoli. Studiare la fisica di un corpo celeste vuol dire misurarne la temperatura, la densità, la composizione chimica; capire perché le stelle brillano, qual è la loro fonte d'energia. Le risposte a queste domande sono cominciate ad arrivare soprattutto a partire dall'inizio del Novecento, grazie ad una tecnica – la spettroscopia – che consiste nel disperdere la luce bianca delle stelle nei vari colori di cui essa è composta. Osserviamo per esempio la luce bianca emessa da una lampadina: se la facciamo passare attraverso un blocco di vetro a forma di prisma, noteremo che la luce della lampadina in uscita dal prisma non è più bianca ma iridata, cioè è scomposta dal rosso al violetto. La spettroscopia è la fonte più ricca di informazioni sulla struttura fisica dei corpi celesti.

La spettroscopia è importante soprattutto per studiare le stelle, che emettono luce propria; i pianeti, al contrario, si limitano a riflettere quella che ricevono dal Sole, di cui, se dotati di un'atmosfera, ne assorbono una parte. Analizzando la luce delle stelle si possono trarre informazioni dirette su di esse, mentre esaminando quella dei pianeti otteniamo informazioni molto limitate sulla loro struttura fisica. Per questo, prima dell'era spaziale si conosceva molto meglio la natura fisica delle lontane stelle che non quella dei pianeti, tanto più vicini a noi. Sono state le sonde spaziali – i Pioneer, i Voyager, le Venera, e ora la recente sonda Galileo – a farci vedere in dettaglio la superficie dei pianeti.

L'*astrologia* è un modo completamente diverso con cui l'uomo si rapporta alle stelle e ai corpi celesti, che è pure antichissimo, anzi in un certo qual modo ha dato la prima spinta all'osservazione degli astri e quindi alla nascita dell'astronomia: trae origine dalla superstizione primitiva che attribuiva alle stelle il carattere di divinità che guidavano con il loro potere i destini dei popoli e dei singoli individui. La volta celeste era dunque la sede degli dei, cui la mitologia delle varie civiltà antiche attribuiva nomi vari: Giove era il re, Saturno suo padre, Mercurio il dio dei ladri e dei commercianti, Venere la dea dell'amore, Marte il dio della guerra. La mitologia greca racconta gli amori, le lotte, le gelosie degli dei fra di loro e verso gli uomini.

Oggi si sa che in tutto questo non c'è nulla di vero, ed è impresa assurda voler leggere nelle posizioni e nei movimenti di stelle e pianeti la sorte di ciascuno di noi, anche se qualche astrologo fonda la propria attività su queste credenze. Qualcuno impara a fare gli oroscopi e fa l'astrologo per divertimento, talvolta credendoci davvero, ma con una completa incompetenza scientifica: se fosse a conoscenza di come sono fatte le stelle, di quanta luce e quante particelle ci arrivano da esse, qual è l'intensità dei loro campi magnetici e quale l'attrazione gravitazionale che un pianeta esercita sulla Terra, capirebbe che l'influenza che una stella o un pianeta può avere sulla vita umana è praticamente zero. Per fare un esempio, è come se pensassimo che, riempiendo un bicchiere d'acqua e versandolo nel Pacifico, il livello del mare Adriatico si possa alzare in modo apprezzabile. L'astrologia è pura fantasia, un retaggio di antiche credenze, quando non si sapeva niente delle stelle, della loro distanza e composizione chimica, di che cosa le differenzi dai pianeti.

Pertanto l'astrologia non ha nulla a che vedere con la scienza, neanche nel caso in cui gli oroscopi siano fatti al computer; dice un detto inglese «garbage in, garbage out»: se nel computer metti spazzatura, spazzatura esce. Chi si fa guidare dall'oroscopo perde la propria autonomia; ci sono addirittura aziende che selezionano il personale in base all'oroscopo: è un danno grave per i lavoratori e un'offesa alla ragione e al buon senso.

2. L'astronomia dell'osservazione a occhio nudo

Oggi le città sono tanto illuminate che è difficile scorgere il cielo notturno; ma per chi abita lontano dai centri abitati, in campagna o in montagna, la volta celeste punteggiata di stelle si disvela con più facilità. Se si tenesse d'occhio la posizione delle stelle notte dopo notte, mese dopo mese, anno dopo anno, ci si accorgerebbe che le stelle si spostano tutte da Est a Ovest nel corso della notte (un'impressione che è effetto del moto di rotazione della Terra da Ovest a Est), e che le costellazioni visibili cambiano nel corso dell'anno (conseguenza del moto di rivoluzione della Terra attorno al Sole).

Gli uomini preistorici si accorsero molto presto dei cambiamenti della Luna, probabilmente si spaventavano quando la Luna era «nuova» (quando cioè scompariva), perché temevano che non sarebbe ricomparsa. Poi si accorsero del regolare susseguirsi delle «fasi» della Luna, che, insieme all'alternarsi del giorno e della notte, fornirono le basi per i primi calendari.

Le stelle

Su una mappa celeste le stelle che appaiono vicine (in realtà sono a distanze molto diverse dalla Terra e fra di loro) sono riunite in raffigurazioni immaginarie chiamate «costellazioni», e la Via Lattea si presenta come una fascia biancastra prodotta dalle luci di miliardi di stelle. Le stelle non sono tutte uguali fra loro; è possibile notare differenze di colore e luminosità, che sono i parametri più appariscenti che le distinguono. Quelle più splendenti sono dette di «prima grandezza» o «magnitudine» (come furono chiamate dagli antichi perché erano le prime ad apparire nel cielo del crepuscolo); in una notte oscura, un osservatore dalla vista molto buona può distinguere stelle anche di sesta grandezza, che sono cento volte più deboli. Più difficile, invece, è cogliere le differenze di colore, che sono molto tenui. Ciascuna stella ha un colore caratteristico determinato dalla sua temperatura superficiale: il Sole, come molte altre stelle, è giallastro; ma vi sono stelle rosse come Betelgeuse, o azzurre come Rigel, che sono le due stelle più splendenti della costellazione di Orione; arancioni come Aldebaran, la più brillante nella costellazione del Toro; bianche come Vega, nella costellazione della Lira, che d'estate appare quasi sopra la nostra testa, o come Sirio, visibile nelle notti invernali e che è la stella più splendente del nostro cielo boreale.

Le stelle più fredde (temperatura superficiale di 2000 o 3000 gradi) sono rossastre, mentre le azzurre sono le più calde, con temperature superficiali di 20.000 o 30.000 gradi.

Essi cominciarono anche a notare che quando faceva caldo i giorni erano più lunghi delle notti, e viceversa, col freddo, le notti erano più lunghe dei giorni; e si resero certamente conto di altre regolarità, come l'alternarsi delle stagioni, lo sbocciare di fiori e piante in primavera, la calura estiva, la caduta delle foglie d'autunno, il freddo d'inverno. Probabilmente non ne capivano la ragione e confondevano la causa con l'effetto. Per esempio, si accorgevano che col freddo cominciava a venire su la costellazione di Orione e quindi pensavano che Orione fosse la causa dell'abbassamento della temperatura, mentre in realtà la comparsa della costellazione di Orione in inverno dipende dal fatto che durante l'anno la Terra si sposta ruotando intorno al Sole, ed è appunto a causa di questo moto di rivoluzione che le costellazioni che si vedono d'inverno sono diverse da quelle che si vedono d'estate (fig. 1).

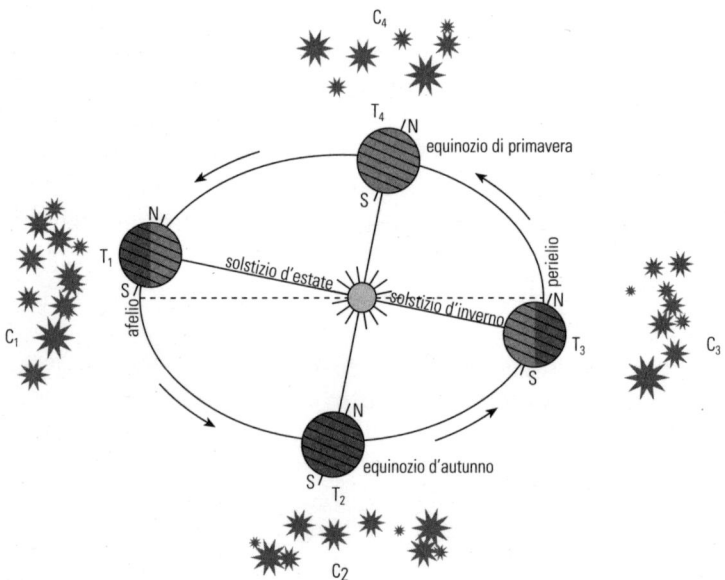

Figura 1. A causa del moto apparente del Sole durante l'anno, conseguenza del moto di rivoluzione della Terra, le costellazioni visibili cambiano nel corso dell'anno. Quando la Terra è in T_1, vede le costellazioni C_1 e non può vedere le costellazioni C_3 nel cielo illuminato dal Sole. Analogamente, da T_3 vede C_3 ma non C_1.

1. Storia dell'astronomia

I nostri uomini dei primordi non si rendevano conto nemmeno che è il Sole a portare il giorno, e che la notte scende quando il Sole è tramontato, ma credevano che pure il Sole la sera andasse a dormire e all'alba si alzasse.

Tuttavia le osservazioni ripetute per anni hanno lentamente rivelato la reale natura dei cambiamenti che scandiscono il passare dei giorni, e oggi ci sembra straordinario che gli antichi abbiano potuto capire molte cose con gli scarsissimi mezzi di allora.

Secondo alcuni studiosi gli egizi orientavano le piramidi in una direzione tale che consentisse di vedere certe stelle in un dato periodo dell'anno. Per esempio da strette finestre, o meglio feritoie, si vedeva Sirio solo in certe particolari epoche dell'anno, e quando ciò accadeva voleva dire che erano vicine le piene del Nilo, il benefico grande fiume che era considerato il dio che portava fertilità, benessere, frutti dalla terra. Anche la disposizione delle pietre di Stonehenge in Inghilterra e di altri monumenti preistorici aveva probabilmente un significato astronomico, oltre che astrologico e religioso.

Le prime osservazioni astronomiche furono fatte per determinare la posizione degli astri e le loro variazioni nel corso dell'anno utilizzando delle mire (cioè strumenti di puntamento) meccaniche. Con questi semplici mezzi Ipparco si accorse che la posizione di tutte le stelle cambiava di 50 secondi d'arco all'anno[*]. Questo effetto, noto successivamente come «precessione degli equinozi», indica che in realtà non sono le stelle che si spostano bensì il punto di riferimento da cui viene calcolata la loro posizione, e cioè il punto in cui vediamo proiettato il Sole all'equinozio di primavera, che cade il 21 marzo. Ciò avviene perché la retta lungo cui il piano dell'equatore terrestre taglia il piano dell'orbita terrestre si sposta per effetto delle perturbazioni da parte della Luna e del Sole e descrive un intero giro in circa 26.000 anni (vedi p. 73 e fig. 21).

---

[*] Per farsi un'idea di che cosa significhi un angolo di 50 secondi d'arco, basti pensare che è l'angolo sotto cui vedremmo una sbarretta lunga un centimetro da una distanza di cinquanta metri.

Le eclissi di Luna e di Sole erano una della maggiori cause di spavento per gli antichi: si credeva che un drago mangiasse il Sole e la Luna; poi si cominciò a capire che quando la Luna passa davanti al Sole, occultandolo, si verifica un'eclisse di Sole, mentre quando la Luna entra nel cono d'ombra della Terra non viene più illuminata direttamente dal Sole e si verifica allora un'eclisse di Luna. Possiamo scorgere la Luna di un colore bruno tendente al rossastro perché è debolmente illuminata dalla luce solare diffusa dall'atmosfera terrestre.

Queste osservazioni, eseguite, come s'è detto, con semplici mire meccaniche, erano straordinariamente accurate e richiesero secoli, da Aristarco a Tycho Brahe e Keplero.

Il metodo ideato da Aristarco per misurare la distanza della Luna e del Sole si basava sulla geometria dei triangoli. Aristarco determinò il rapporto fra le distanze della Luna e del Sole, mentre Ipparco calcolò la distanza della Luna dalla Terra misurando, durante le eclissi di Luna, le dimensioni dell'ombra della Terra (fig. 2). La distanza del Sole fu invece ottenuta misurando la separazione angolare della Luna dal Sole all'istante del

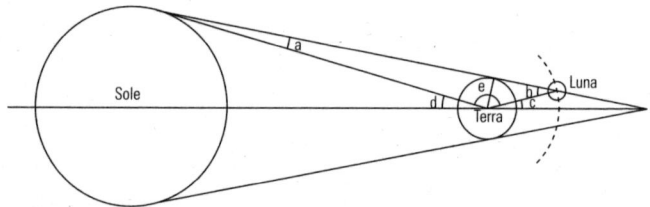

Figura 2. Misurazione della distanza della Luna secondo un metodo ingegnoso attribuito ad Ipparco. Durante l'eclisse di Luna, che si ha quando la Luna diventa invisibile perché entra nel cono d'ombra della Terra, consideriamo il triangolo Luna-Terra-Sole:
angolo a + angolo b + angolo e = 180 gradi
angolo c + angolo d + angolo e = 180 gradi
e quindi a + b = c + d.
Poiché a – cioè l'angolo sotto cui dal Sole si vede il raggio della Terra – è molto piccolo, si può anche scrivere b ≈ c + d, dove c e d sono rispettivamente gli angoli sotto cui dalla Terra si vede il semidiametro dell'ombra e il raggio del Sole, e b è l'angolo sotto cui dalla Luna si vede il raggio terrestre. Noto b, si ricava la distanza della Luna poiché b = raggio terrestre / distanza, espresso in radianti.

primo quarto (fig. 3). Il valore ottenuto per la distanza della Luna era notevolmente preciso, circa 60 volte il raggio terrestre; per la distanza del Sole Aristarco trovò un valore compreso fra 18 e 20 volte la distanza Terra-Luna, grandemente sottostimato; infatti risultava pari a circa 7 milioni di chilometri, invece del suo reale valore pari a circa 150 milioni di chilometri. Questo perché le misure degli angoli sotto cui dalla Terra si vede il Sole e la Luna al primo o all'ultimo quarto, e dell'istante in cui la Luna si trova esattamente al primo o ultimo quarto, erano troppo poco precise, sebbene il principio su cui si basava fosse giusto. Comunque, malgrado il grosso errore nella valutazione della distanza, si poteva già capire che il Sole era di gran lunga più grande e splendente della Terra e della Luna, e forse fu questa una delle ragioni che spinsero Aristarco a ritenere che al centro del sistema ci fosse il Sole e non la Terra.

La curiosità di capire il mondo circostante era un grande stimolo verso la conoscenza. Ci voleva una grande intelligenza e una buona dose d'intuizione per capire la realtà dei moti celesti. Infatti, se ci mettiamo a guardare il cielo come facevano gli antichi, vediamo che le stelle sorgono a Est e tramontano a Ovest, che quindi anche il Sole sorge a Est e tramonta a Ovest, e abbiamo l'impressione che sia la volta celeste a ruotare mentre noi stiamo fermi. Aristarco capì invece che doveva essere la

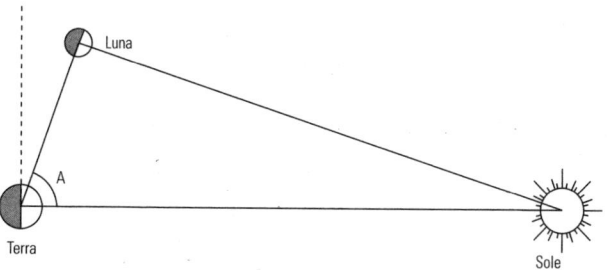

Figura 3. Misurazione del rapporto fra la distanza del Sole e quella della Luna secondo il metodo ideato da Aristarco. All'istante del primo quarto (fase lunare) l'angolo TLS è un angolo retto. La misura della distanza angolare fra il Sole e la Luna visti dalla Terra è l'angolo A. Quindi TS / TL = 90 / (90 − A).

Terra a ruotare su se stessa, da Ovest a Est, cioè in senso contrario a quello in cui si vede ruotare la volta celeste. E comprese che il mutare delle costellazioni visibili nel corso dell'anno era dovuto all'apparente spostamento del Sole fra di esse, causato dal moto della Terra attorno al Sole (fig. 1).

Tuttavia l'idea di Aristarco non ebbe seguito, e fino a Copernico prevalse l'idea di Aristotele, che diceva: «la Terra è ferma al centro dell'universo». Era un dogma, e non ci si preoccupava di dimostrarlo. Quando Niccolò Copernico (1473-1543) riprese l'idea di Aristarco, riuscì a spiegare molto più facilmente i moti complessi dei pianeti, senza ricorrere ai numerosi epicicli necessari al sistema geocentrico.

Considerare ferma la Terra, infatti, rendeva molto difficile spiegare i moti dei pianeti. Questi appaiono complicati proprio perché i pianeti più lontani ruotano molto più lentamente della Terra, e perciò ci sembra che vadano un po' avanti, un po' indietro, un po' da Est a Ovest, un po' da Ovest a Est (fig. 4). Per spiegarli, gli antichi avevano supposto che, oltre alla volta celeste ruotante da Est a Ovest, su cui si trovavano le stelle «fisse», ci fossero, fissati sulla sfera celeste, anche dei piccoli cerchi detti epicicli su cui si muovevano i pianeti. Ne risultava un sistema molto complicato. C'era inoltre il pregiudizio che le orbite dovessero essere perfettamente circolari, perché il circolo era considera-

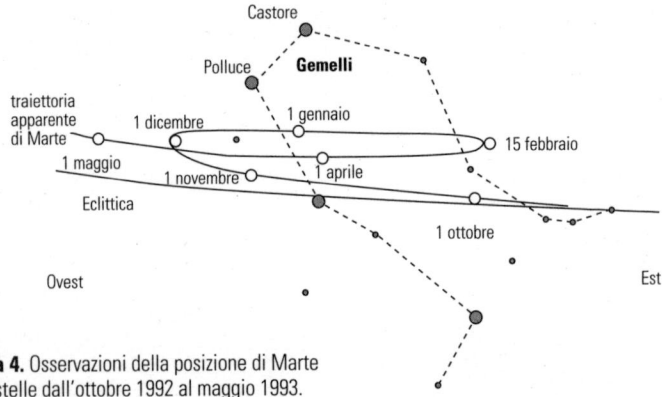

Figura 4. Osservazioni della posizione di Marte fra le stelle dall'ottobre 1992 al maggio 1993.

to la figura perfetta. Invece le orbite non sono circolari, ma leggermente ellittiche, cioè degli ovali. I conti non tornavano più. Anche Copernico rimase vittima di questo pregiudizio e complicò il suo semplice sistema introducendo di nuovo circoli e circoletti per non volere ammettere che le orbite fossero ellittiche.

Dopo Copernico arrivò Keplero (1571-1630), contemporaneo di Galileo, che si dedicò allo studio delle posizioni dei pia-

Le tre leggi di Keplero

La prima dice che le orbite dei pianeti sono delle ellissi, di cui il Sole occupa uno dei fuochi.

La seconda, che il raggio vettore – cioè la linea che congiunge un pianeta con il Sole – descrive aree uguali in uguali intervalli di tempo. Quindi quando il pianeta è al perielio (cioè alla distanza minima dal Sole), e quindi il raggio è più corto, deve descrivere un arco maggiore e di conseguenza avere una velocità maggiore. Quando invece è all'afelio (cioè alla distanza massima dal Sole), il raggio vettore è più lungo e quindi l'arco descritto più corto, e la velocità minore (fig. 5).

La terza dice che il rapporto fra il cubo dei semiassi maggiori e il quadrato dei periodi è costante; cioè i semiassi maggiori delle ellissi descritte dai pianeti ruotando intorno al Sole, elevati al cubo, divisi per i rispettivi periodi di rivoluzione elevati al quadrato, hanno un valore costante per tutti i pianeti: in altre parole i quadrati dei periodi di rivoluzione dei pianeti sono direttamente proporzionali ai cubi delle distanze tra essi e il Sole. Quindi se riusciamo a misurare la distanza dal Sole di un qualsiasi pianeta, troviamo anche la distanza di tutti gli altri, di cui sia noto il periodo di rivoluzione.

Oggi questa misura si ottiene utilizzando alcuni pianetini che a causa delle loro orbite ellittiche vengono a passare molto vicini alla Terra, oppure usando il metodo degli eco radar.

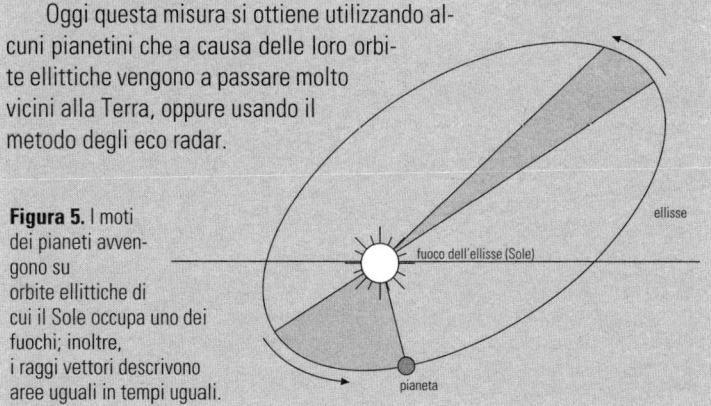

Figura 5. I moti dei pianeti avvengono su orbite ellittiche di cui il Sole occupa uno dei fuochi; inoltre, i raggi vettori descrivono aree uguali in tempi uguali.

neti utilizzando le precise tabelle dei moti planetari di Tycho Brahe (1546-1601), suo maestro e grande osservatore, che non aveva accettato il sistema copernicano. Tycho Brahe aveva proposto un sistema in cui i pianeti ruotavano attorno al Sole, ma il Sole stesso, col suo corteo di pianeti, ruotava attorno alla Terra. Utilizzando le accurate osservazioni del suo maestro, Keplero scoprì le famose tre leggi che regolano questi moti e che portano il suo nome. Keplero accettò il dato osservativo che le orbite sono ellittiche, e i conti gli tornarono. La sua grandezza fu di accettare il risultato delle osservazioni e di non farsi dominare dai pregiudizi.

3. L'introduzione del cannocchiale

Il suo contemporaneo, Galileo Galilei (1564-1642), ebbe l'idea di utilizzare il cannocchiale, già inventato da alcuni mercanti olandesi, per guardare il cielo e gli oggetti lontani. E fece molte inaspettate scoperte. In cerca di «sponsor» che finanziassero le sue ricerche, si rivolse ai dogi della Serenissima, la Repubblica di Venezia, dicendo: «Guardate, con questo strumento potrete avvistare le navi nemiche molto prima e avere il tempo di prepararvi ad attaccare e a difendervi». Il cannocchiale, assai rudimentale,

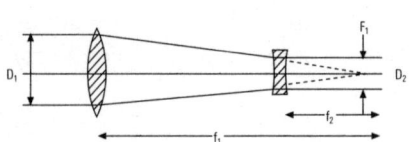

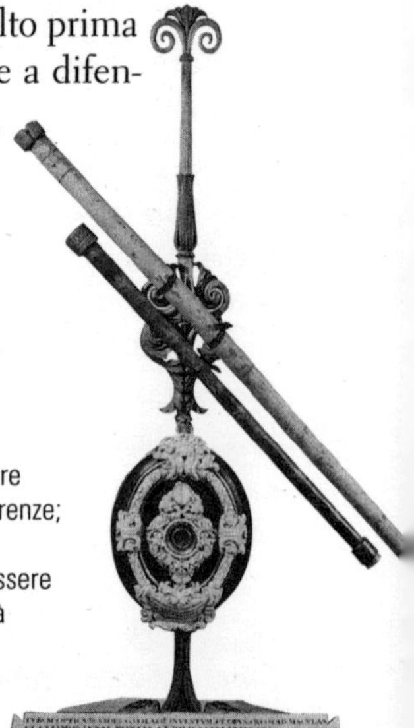

Figura 6. Il cannocchiale di Galileo (a destra, foto dell'esemplare allestito per una mostra dal Museo di Storia delle Scienze di Firenze; sopra, schema ottico).
Il fascio di raggi provenienti dal corpo celeste – che possono essere considerati paralleli, data la distanza infinitamente grande – dà un'immagine nel fuoco F_1 della lente biconvessa.
La lente biconcava funge da oculare.

era composto da una lente semplice convessa come obiettivo e da una concava come oculare (fig. 6), e non era corretto per l'aberrazione cromatica; perciò i bordi degli oggetti presentavano tutti i colori dell'iride e la definizione delle immagini era pessima. Eppure Galileo riuscì a scoprire che sulla Luna esistevano monti, pianure (che chiamò mari) e crateri simili a quelli terrestri, si rese conto che la Luna era un corpo simile al nostro pianeta, e non perfetto o quasi divino come si pensava dal tempo di Aristotele – opinione che durò fino a Galileo. Scoprì che Venere presentava fasi simili a quelle lunari durante il suo periodo di rivoluzione; osservò i quattro grandi satelliti di Giove, che chiamò pianeti medicei (in onore del Granduca di Toscana), cioè Io, Callisto, Europa e Ganimede, e notò, osservandoli notte dopo notte, che ruotavano intorno a Giove, e che quindi rappresentavano un piccolo sistema solare in miniatura. Si trattava della conferma indiretta che era la Terra a girare intorno al Sole, e che esistevano altri sistemi simili al sistema Terra-Sole.

Proiettando col cannocchiale l'immagine del Sole su uno schermo bianco, Galileo osservò le macchie solari, che erano state viste già in passato – quelle eccezionalmente grandi si possono vedere a occhio nudo – ma non si era capito cosa fossero. Dall'intervallo di tempo trascorso fra l'apparizione di una macchia al bordo del Sole e la sua scomparsa al bordo opposto ricavò il periodo di rotazione del Sole, ventisette giorni circa, e dal cammino a forma di arco descritto dalle macchie dedusse che l'equatore del Sole è inclinato rispetto al piano dell'orbita terrestre (l'eclittica).

Galileo era uno scienziato poliedrico, come tanti della sua epoca; tutto era ancora da scoprire. Oltre all'astronomia studiò la caduta dei gravi nel vuoto, arrivando alla conclusione che cadono tutti alla stessa velocità, dalla piuma al piombo. Col piano inclinato fece esperienze sulle leggi del moto; le prime leggi della meccanica e della dinamica basate sull'osservazione si devono a lui. I suoi resoconti sono piacevoli da leggere, poiché scriveva bene e, talvolta, in forma ironica; inventava dialoghi fra l'oppositore e un personaggio che sosteneva le sue idee. In uno di questi dimostrava che una «stella nova» (si trattava della supernova studiata da Keplero, apparsa nel 1604) si trovava fuori dell'atmosfera terrestre; molti, all'epoca, pensavano si trattasse di oggetti sublunari, cioè di effetti atmosferici, perché, seguendo Aristotele, niente poteva mutare fra i perfetti corpi celesti. Galileo, invece, portò argomenti basati sull'osservazione per dimostrare che si trattava di un oggetto lontano. Lo faceva in forma di discorso spiritoso, da toscanaccio irruento e critico, che non mancava d'insolentire e ridicolizzare i suoi avversari.

Un secolo dopo la morte di Copernico nasce Isaac Newton (1642-1727), insieme ad Einstein uno dei più grandi scienziati. Il suo maggiore contributo fu quello di capire che la legge per cui i corpi cadono è la stessa per cui la Luna ruota intorno alla Terra. Per comprenderlo, pensate di sparare un proiettile: questo descrive una parabola, e ricade tanto più lontano quanto maggiore è la sua velocità. Allora si può immaginare di dare una velocità sufficientemente grande al proiettile, tale per cui, a causa della curvatura della Terra, esso non cade più, ma prosegue a viaggiare parallelamente alla superficie terrestre, cioè ad orbitare intorno alla Terra. Lo stesso moto di rivoluzione della Luna intorno alla Terra può essere considerato come una caduta continua. Allo stesso modo i pianeti orbitano attorno al Sole.

Se immaginiamo, per assurdo, che un pianeta improvvisamente si fermi, esso cadrebbe sul Sole; se, pure per assurdo, immaginiamo che il Sole scompaia, il pianeta seguiterebbe a muoversi lungo la tangente all'orbita, nel punto in cui si trovava al momento della scomparsa del Sole. Il pianeta infatti è soggetto a due forze eguali ed opposte che si bilanciano: la forza di gravitazione e la forza centrifuga. Newton espose matematicamente la legge della gravitazione universale, affermando che due corpi si attraggono con una forza proporzionale al prodotto delle loro masse e inversamente proporzionale al quadrato della loro distanza. Egli era sorpreso che la gravitazione agisse istantaneamente a distanza nel vuoto. In una lettera indirizzata a un certo Richard Bentley (il quale era in corrispondenza con Newton, perché pretendeva di aver dimostrato l'esistenza di Dio, grazie alla legge di gravitazione), Newton scriveva: «È inconcepibile che la materia bruta e inanimata possa (senza la mediazione di qualcosa di immateriale) agire o influire su altra materia senza reciproco contatto (...). Che la gravità sia qualcosa di innato, di inerente ed essenziale alla materia, che un corpo possa agire a distanza su di un altro attraverso il vuoto, senza la mediazione di un'altra cosa (...) è per me un'assurdità»; e nel suo libro *Principi matematici della filosofia naturale*, aggiunge: «In verità non sono ancora riuscito a dedurre dai fenomeni la ragione di queste proprietà della gravità, e non invento ipotesi». In altre parole, Newton afferma: «questi sono i risultati delle osservazioni, la gravità spiega tutti i movimenti dei corpi celesti, spiega le maree, e questo mi basta, non invento delle ipotesi, mi tengo solo ai fatti». Il suo era un modo molto moderno di pensare; separava nettamente la scienza dalle immaginazioni metafisiche. Due secoli dopo, come vedremo, una nuova teoria della gravitazione proposta da Einstein superava il problema di Newton.

Newton si occupò anche di ottica; scoprì che la luce bianca è composta dei vari colori dell'iride, dal rosso al violetto, e scompose la luce di Venere, ottenendo quello che si usa chiamare lo «spettro». Lo spettro di Venere è stato il primo spettro di un corpo celeste ad essere osservato. Newton progettò anche un telescopio che da lui prende il nome di «telescopio newtoniano», formato da uno specchio concavo parabolico e da uno specchietto piano, disposti come indicato nella figura 13 (vedi p. 45).

Aristarco, Ipparco e Tolomeo furono le pietre miliari nel primo millennio; nel secondo lo furono Copernico, Galileo, Keplero e Newton. Dopo Newton comparvero figure minori, anche se comunque importanti.

Edmond Halley (1656-1742), seguace di Newton, utilizzò la legge newtoniana e capì, agli inizi del XVIII secolo, che la cometa apparsa negli anni 1531, 1607 e 1682 era sempre la stessa. Era anzi così sicuro della sua scoperta da prevedere che la stessa cometa sarebbe riapparsa all'inizio del 1759: l'evento si verificò esattamente come lui aveva predetto, anche se non lo poté vedere perché era morto 16 anni prima. Da allora quella cometa fu chiamata appunto «cometa Halley», che torna al perielio ogni 76 anni circa. Essa ha fornito una delle più importanti verifiche della legge di Newton. Si ritiene che la cometa raffigurata da Giotto nell'affresco dell'*Adorazione dei Magi* nel 1301 nella Cappella degli Scrovegni a Padova sia proprio la cometa di Halley, nel suo passaggio al perielio del 1301. La storia dell'antichità ci riferisce di diverse apparizioni di comete luminose, che possono ragionevolmente essere identificate con la cometa di Halley a partire dal 164 a.C.

James Bradley (1693-1762), misurò nel 1729 l'aberrazione della luce, ottenendo così la prova certa che è la Terra a ruotare attorno al Sole, e non viceversa. Copernico si era avvalso di argomenti basati sul buonsenso; però, dalle semplici osservazioni del moto apparente del Sole fra le costellazioni nel corso dell'anno, proprio per effetto del moto relativo, non si può garantire che sia la Terra a ruotare attorno al Sole e non viceversa. Ai tempi di Copernico e di Galileo i mezzi erano troppo rudimentali per scoprire l'effetto dell'aberrazione della luce, e quindi gli avversari della teoria copernicana potevano avere ancora buon gioco ad affermare che la Terra sta ferma e il Sole le ruota attorno. La scoperta di Bradley tagliò la testa al toro. Ma cerchiamo di capire in che cosa consista l'aberrazione della luce (vedi box, p. 19).

Poiché il diametro dell'orbita terrestre è molto più piccolo della distanza anche della stella più vicina (300 milioni di km contro circa 40.000 miliardi di km di Proxima Centauri), l'effetto di parallasse, cioè lo spostamento angolare della posizione in cui vediamo la stella nel corso dell'anno, è molto piccolo: 0,7 secondi d'arco nel caso di Proxima Centauri. Cosa significa 0,7 secondi d'arco? È l'angolo sotto cui vedremmo lo spessore di un sottile spago di circa 2 mm da una distanza di circa 600 metri. Ci vogliono dunque strumenti estremamente precisi per misu-

Aberrazione e parallasse

A tutti sarà capitato di trovarsi in treno in un giorno di pioggia. Se il treno è fermo, le tracce delle gocce di pioggia sul vetro del finestrino sono verticali; se il treno si muove a velocità uniforme, sono inclinate nella direzione di moto, e l'inclinazione è tanto maggiore quanto maggiore è la velocità del treno; se il treno è in partenza o in arrivo, e quindi sta accelerando o frenando, allora la traiettoria è curva. Tutto ciò è dovuto alla combinazione della velocità di caduta della pioggia con la velocità del treno.

Lo stesso succede tra la velocità della Terra e la velocità della luce (fig. 7). Sebbene la teoria della relatività dimostri che la velocità della luce non si somma alla velocità della Terra, tuttavia l'effetto combinato della direzione del fascio di luce proveniente da una stella e della direzione del moto della Terra producono lo stesso effetto del treno e della pioggia. Il risultato è che il fascio di luce proveniente dalla stella ci appare un po' spostato in direzione del moto della Terra. Quindi vedremo la stella in una posizione leggermente diversa rispetto alla direzione reale. Poiché nel corso dell'anno la Terra descrive un'orbita quasi circolare, la posizione della stella descrive a sua volta un'ellisse intorno alla posizione reale, cioè quella che osserveremmo se la Terra fosse ferma.

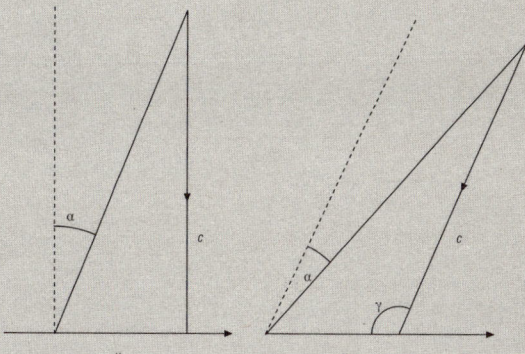

Figura 7. L'aberrazione della luce. La Terra si muove a velocità v in direzione tangente alla sua orbita. Il raggio luminoso proviene da una stella a velocità c nella direzione Terra-stella. I due moti si combinano in direzione e l'effetto è che noi vediamo la stella non dove effettivamente si trova, ma spostata verso la direzione del moto della Terra. Poiché la Terra nel corso dell'anno descrive un'ellisse, vedremo la stella spostarsi intorno alla posizione vera descrivendo un'ellisse di semiasse pari al rapporto fra la velocità v e quella c. E poiché $v/c = 30/300.000 = 0,0001$ radianti, pari a 20,6", la stella nel corso dell'anno sembrerà descrivere un'ellisse di semiasse maggiore di 20,6".

Un effetto analogo è quello della parallasse. Per capire di che cosa si tratta, immaginate di guardare fuori della finestra: chiudendo alternativamente un occhio e poi l'altro vedrete il telaio della finestra (l'oggetto più vicino) che sembra ballare rispetto allo sfondo della casa di fronte (l'oggetto più lontano). Questo avviene perché quando guardiamo con l'occhio destro il nostro punto di osservazione è diverso da quando guardiamo con l'occhio sinistro, a causa della distanza di 5 o 6 cm. fra i due occhi. Così, quando la Terra si trova in un punto della sua orbita, noi vediamo una stella in una determinata posizione; sei mesi dopo, quando la Terra si trova nel punto diametralmente opposto dell'orbita, la stessa stella la vediamo in una posizione

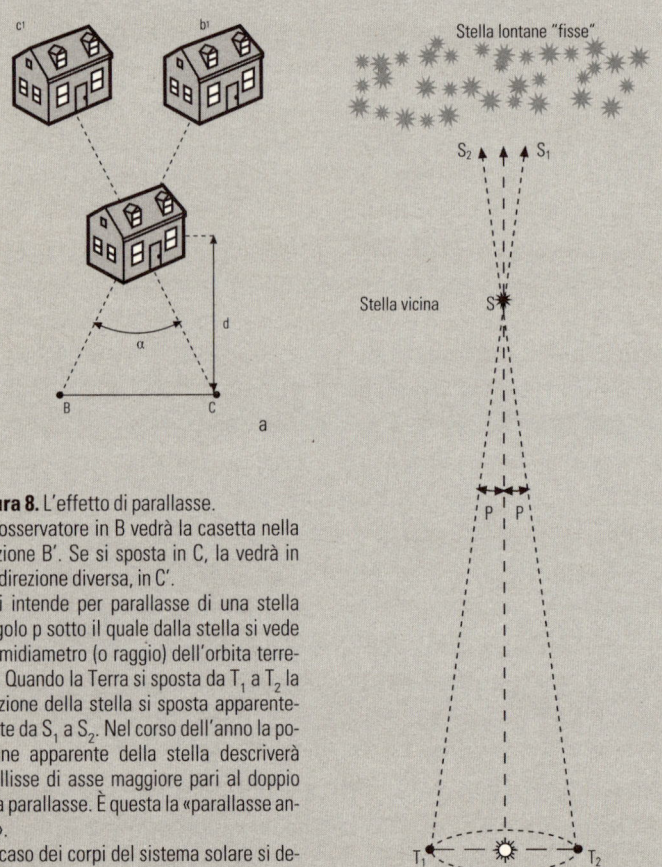

Figura 8. L'effetto di parallasse.
a) L'osservatore in B vedrà la casetta nella direzione B'. Se si sposta in C, la vedrà in una direzione diversa, in C'.
b) Si intende per parallasse di una stella l'angolo p sotto il quale dalla stella si vede il semidiametro (o raggio) dell'orbita terrestre. Quando la Terra si sposta da T_1 a T_2 la posizione della stella si sposta apparentemente da S_1 a S_2. Nel corso dell'anno la posizione apparente della stella descriverà un'ellisse di asse maggiore pari al doppio della parallasse. È questa la «parallasse annua».
Nel caso dei corpi del sistema solare si definisce «parallasse diurna» l'angolo sotto cui dal corpo si vede il raggio terrestre.

> leggermente modificata per effetto, appunto, della parallasse (fig. 8a-b). Anche in questo caso, nel corso di un intero anno, le posizioni in cui vediamo la stella descrivono un'ellisse. Si definisce parallasse annua di una stella l'angolo sotto il quale, dalla stella, si vede il semiasse dell'orbita terrestre.
>
> Nel caso di un corpo del sistema solare, come la Luna o un pianeta, che sono molto più vicini a noi della stella più prossima, l'effetto di parallasse può essere sfruttato per determinarne la distanza da noi: basta misurare la posizione del pianeta o della Luna al tramonto e poi all'alba seguente; la nostra posizione sarà cambiata per effetto del moto di rotazione della Terra, e di conseguenza vedremo il corpo celeste in una posizione differente.
>
> Possiamo inoltre misurare la posizione del corpo celeste fra le stelle simultaneamente da due località sulla Terra, alla massima distanza possibile l'una dall'altra: anche in questo caso vedremo il corpo celeste in posizione diversa fra le stelle a causa del diverso punto di osservazione sulla Terra. Si definisce parallasse diurna l'angolo sotto il quale, dal corpo celeste, si vede il raggio equatoriale terrestre.
>
> La parallasse fornisce anche una unità di misura per le distanze astronomiche: il parsec (ossia parallasse/secondo) è la distanza di una stella tale che l'angolo Sole-stella-Terra è uguale a 1'' ed è pari a 3,262 anniluce.

rare le parallassi stellari, strumenti che nel 1700 non esistevano. Il fatto che non si vedevano le stelle spostarsi nel corso dell'anno era considerata una prova dell'immobilità della Terra, anche se molti sostenitori della teoria copernicana immaginavano, giustamente, che le parallassi non erano misurabili a causa delle grandi distanze delle stelle.

La prima parallasse fu misurata solo nel 1838 per 61 Cygni ed è pari a 0,38 secondi d'arco. La parallasse quasi doppia di Alfa Centauri e della sua compagna Proxima Centauri, 0,7 secondi d'arco, è ancora molto più piccola dell'effetto dell'aberrazione. Questo è uguale per tutte le stelle, in quanto è dato dal rapporto fra la velocità della Terra (30 km/sec) e la velocità della luce (300.000 km/sec), e risulta di un decimillesimo di radiante pari a 20 secondi d'arco. Ecco perché la misurazione dell'aberrazione fu fatta un secolo prima della misurazione delle parallassi delle stelle più vicine. Ancora oggi è impossibile misurare parallassi più piccole di qualche millesimo di secondo d'arco.

La distanza fra la Terra e la Luna può essere determinata osservando la Luna da due luoghi diversi della superficie terrestre. Poiché la Luna è molto più vicina al nostro pianeta rispetto alle stelle, da ciascun luogo di osservazione si vedrà la Luna in una differente posizione fra di esse. Si trova così che la parallasse della Luna è circa 57 primi d'arco, cioè quasi un grado. Una volta nota la sua distanza, il diametro angolare della Luna può essere convertito in misura lineare. Al perigeo la Luna apparirà più grande che all'apogeo. Il valore medio del diametro angolare è di poco più di mezzo grado, 31' 7"; alla distanza media della Luna dalla Terra, 384.000 km, questo valore angolare corrisponde a un diametro di 3476 km.

4. Dai pianeti alle stelle

Nel 1700 l'interesse si spostò dall'osservazione dei moti dei pianeti alle stelle, considerate fino ad allora come un semplice scenario sul quale si muovono i pianeti.

Le prime indagini sistematiche furono compiute dalla famiglia Herschel, ovvero da William Herschel (1738-1822) e dalla sorella Carolina (1750-1848), e poi dal figlio di William, John (1782-1871). William e Carolina cominciarono a osservare le stelle, a fare ipotesi su come erano distribuite in funzione dello splendore apparente, a osservare le nubi di gas, e scoprirono per primi le nubi oscure, senza però capire cosa fossero. William notò una zona buia in cui le stelle mancavano ed esclamò: «Qui c'è un buco nel cielo!». Gli Herschel individuarono circa 2500 nubi splendenti, che chiamarono nebulose. John continuò le osservazioni estendendole all'emisfero australe.

Essi fecero dei conteggi sulla distribuzione delle stelle; una volta scelte le aree campione ripartite per tutto il cielo, contarono e suddivisero per classi di splendore tutte le stelle osservabili col loro telescopio. Si accorsero che la grande maggioranza delle stelle si concentra in vicinanza della Via Lattea. Il metodo che usarono per verificare questo fatto fu di confrontare il numero delle stelle di un certo splendore, contenute in un grado quadrato preso a varie distanze dalla Via Lattea, con quello delle stelle contenute in un grado quadrato vicino alla Via Lattea. Notarono che quanto più deboli erano le stelle, tanto maggiore era la loro concentrazione vicino alla Via Lattea, e questo era vero per tutte le direzioni. Anche se oggi sappiamo che non è esattamente così, essi conclusero che le stelle più deboli fossero anche le più lontane, e quindi le loro osservazioni suggerivano non solo che le stelle fossero concentrate su un disco di spessore molto più piccolo del suo diametro, ma anche che il Sole fosse al centro del disco, dato che il numero di stelle per grado quadrato cresceva rapidamente al diminuire dello splendore, in modo circa eguale in tutte le direzioni.

Un secolo dopo gli Herschel, Jacobus Cornelius Kapteyn (1851-1922) arrivò, in Olanda, allo stesso risultato nelle misure di posizione delle stelle. Tanto gli Herschel che Kapteyn si sbagliavano, come dimostrò Harlow Shapley nei primi anni del Novecento. Si può dire, comunque, che William Herschel sia stato il fondatore dell'astronomia stellare. Egli cominciò a studiare sistematicamente le stelle doppie (cfr. p. 125), partendo dall'ipotesi che la duplicità fosse solo prospettica, e che la più debole fosse anche la più lontana da noi. Le osservazioni fatte in un ampio lasso di tempo, lo convinsero invece del fatto che molte stelle doppie non potevano essere il frutto di puri accostamenti prospettici di stelle in realtà distantissime tra loro. In molti casi notò che una delle due stelle si era spostata intorno all'altra secondo un arco di ellisse, esattamente come avrebbe notato un osservatore esterno al sistema solare misurando la posizione della Terra rispetto al Sole nel corso dell'anno. Così, già nel 1803, egli poteva annunciare che molte delle varie centinaia di stelle doppie osservate erano veri e propri sistemi fisici, e dette anche i periodi di rivoluzione per cinque di esse.

A W. Herschel si deve anche la scoperta di Urano, avvenuta per caso, la notte del 13 marzo 1781. Altri astronomi l'avevano già osservato a partire dalla fine del 1600, scambiandolo per una stella; Herschel, usando un telescopio più potente, notò che il nuovo astro mostrava un diametro sensibile, cioè non appariva puntiforme come tutte le stelle. Nelle notti successive ne registrò lo spostamento apparente sulla volta celeste, dal quale altri astronomi ricavarono l'orbita reale nello spazio, concludendo che era un pianeta più distante di Saturno.

Johann Daniel Tietz (1729-1796), passato alla storia col nome latinizzato in Titius (allora il latino era ancora la lingua scientifica internazionale, come lo è oggi l'inglese), si era accorto che le distanze dal Sole dei pianeti conosciuti obbediscono a una semplice sequenza (vedi box, sotto).

Una perturbazione del moto di Urano portò, nel 1846, alla scoperta di Nettuno. Urban Le Verrier in Francia e John Adams in Inghilterra – l'uno indipendentemente dall'altro – localizzarono, con calcoli matematici, l'orbita del pianeta; Johann Gottfried Galle lo osservò nella posizione predetta nel 1846: fu un trionfo per la teoria della gravitazione elaborata da Newton. La sua distanza dal Sole risultò pari a 30 volte la distanza Terra-So-

Legge di Titius-Bode

Partendo dalla sequenza 0, 3, 6, 12, 24 ecc., e aggiungendo 4 a ciascuno di questi numeri, si trovano le distanze dei pianeti, ponendo eguale a 10 la distanza Sole-Terra. Così per Mercurio abbiamo 4, per Venere 7, per la Terra 10, per Marte 16; poi in corrispondenza a 28 non c'è alcun pianeta, per il successivo numero della sequenza 52 (24 x 2 + 4) si trova Giove, e a 100 (48 x 2 + 4) si trova Saturno. La scoperta di Urano a 196 confermò la legge di Titius, che è conosciuta come legge di Titius-Bode, in quanto Johannes Elert Bode (1747-1826) fu colui che la divulgò.

Il primo pianetino o asteroide venne scoperto per caso da Giuseppe Piazzi (1746-1826) la notte del 1° gennaio 1801, dall'Osservatorio di Palermo. Lo chiamò Cerere. La sua distanza dal Sole risultò pari a 2,8 volte la distanza Terra-Sole, venendo quindi ad occupare il posto mancante nella sequenza di Titius-Bode. In seguito si scoprirono molti altri pianetini, quasi tutti situati in una fascia fra Marte e Giove, e oggi se ne conoscono molte centinaia di migliaia.

le, e non 39 come sarebbe risultato dalla legge Titius-Bode (196 x 2 + 4 = 386). Anche Plutone, scoperto nel 1929, ha un'orbita molto ellittica e una distanza media dal Sole 39,4 volte la distanza Terra-Sole, invece di 77,2 (384 x 2 + 4 = 772) come vorrebbe la legge Titius-Bode.

5. La nascita dell'astrofisica

La nascita dell'astrofisica si può porre all'inizio dell'800. L'invenzione dello spettroscopio è stata la chiave per conoscere temperatura, densità e composizione chimica delle stelle. Dopo lo spettro di Venere osservato da Newton, il fisico tedesco Josef von Fraunhofer (1787-1826) si dedicò a studiare i colori in cui si scomponeva la luce bianca, quando la si faceva passare attraverso un prisma di vetro. Facendo passare la luce del Sole per una sottile fenditura, e inviando il fascio luminoso attraverso il prisma, Fraunhofer scoprì che la striscia colorata, in cui veniva scomposta la luce solare, era solcata da numerose righe scure, che da lui presero il nome di «righe di Fraunhofer».

Il gesuita Angelo Secchi (1818-1878) cominciò a studiare sistematicamente gli spettri delle stelle più brillanti, ottenendoli grazie ad un modesto spettroscopio (fig. 9), posto nel fuoco del telescopio dell'Osservatorio del Collegio Romano. Fra il 1863 e il 1867 osservò e catalogò più di 500 stelle. Egli si accorse che, malgrado le stelle siano tanto numerose, gli spettri si potevano raggruppare in poche classi: nacque in tal modo la prima classificazione spettrale, che porta il suo nome. Egli divise gli spettri in quattro classi principali, basandosi sul colore delle stelle. Il primo tipo comprende le stelle bianco-azzurre, come ad esempio Rigel, Sirio, o Vega, caratterizzate da un massimo di splendore nell'azzurro e il cui spettro è solcato da poche righe scure molto forti; oggi sappiamo che sono le righe dell'idrogeno e dell'elio. Il secondo tipo comprende le stelle di colore giallastro, come il Sole, in cui il massimo di splendore cade nel giallo e lo spettro è solcato da numerose righe scure molto sottili, che oggi sappiamo essere dovute per lo più a metalli, come ferro, cromo, titanio ecc., naturalmente allo stato gassoso. Il terzo tipo comprende le stelle di colore arancio, come Aldebaran, che si distinguono per le molte righe sottili e le larghe bande scure; queste ultime oggi sappiamo che sono dovute alla presenza di molecole varie, soprattutto di ossido di titanio. Il quarto tipo comprende le stelle rosse, col massimo di splendore nel rosso, come per esempio Betelgeuse e Antares (Antares significa «opposta a Marte» – Ares in greco –, ben noto come il pianeta rosso); gli spettri delle stelle rosse sono caratterizzati da larghe bande scure, che cancellano completamente la parte blu-violetta dello spettro.

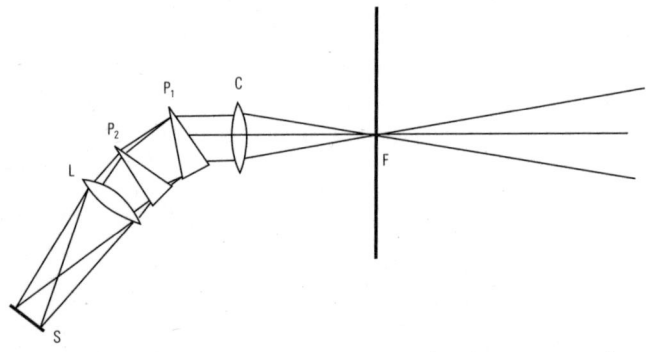

Figura 9. Schema di uno spettroscopio. La luce di una sorgente di luce bianca illumina una sottile fenditura F disposta parallelamente allo spigolo di uno o più prismi (due nella figura: P_1 e P_2). Il fascio divergente di raggi uscenti dalla fenditura viene trasformato in un fascio di raggi paralleli dal «collimatore» C, cioè una lente convergente nel cui fuoco è posta la fenditura F. In questo modo il fascio investe la prima faccia del prisma senza disperdersi. Il passaggio della luce attraverso i prismi ha l'effetto di scomporre la luce bianca nelle sue componenti, perché la luce rossa viene deviata meno, e quella violetta di più, verso la base del prisma. Questa è una conseguenza del fatto che la velocità della luce nel vetro non è identica per tutti i colori. I vari fasci colorati escono dalla seconda faccia del prisma, o dei prismi, e una lente convergente L li fa convergere nel suo piano focale, dove si osservano tante immagini della fenditura quanti sono i colori, e cioè lo spettro S. Questo può essere osservato direttamente a occhio nudo o fotografato.

Un quinto tipo è simile al quarto, ma include bande che oggi sappiamo essere dovute a composti del carbonio. Secchi, inoltre, raggruppò in un tipo «assai bizzarro e vario», come scrive lui stesso, tutte quelle stelle che oltre alle righe scure presentavano anche righe brillanti.

Secchi aveva intuito che la differenza di colore doveva rappresentare una differenza di temperatura; scriveva infatti: «come il ferro portato all'incandescenza diventa prima rosso cupo, poi rosso chiaro, poi giallo, giallo incandescente, poi bianco azzurro, così questi colori devono indicare la temperatura», e di conseguenza riteneva che le stelle biancoazzurre fossero più calde di quelle gialle, e quelle gialle più calde di quelle rosse. Aveva visto giusto.

Secchi, che visse a metà Ottocento, faceva le sue osservazioni a occhio nudo; ne consegue che le sue impressioni erano molto soggettive, basate sulla memoria visiva, perché doveva guardare nella più completa oscurità, illuminare poi il foglio per disegnare mentre l'occhio si disabituava al buio, ricordare quello che aveva visto e infine tracciarlo sulla carta; riabituarsi nuovamente all'assenza di luce prima di riprendere le osservazioni.

L'impiego della fotografia venne introdotto alla fine del XIX secolo. Questa nuova tecnica aiutò a scoprire la natura delle nebulose e delle stelle, i cui spettri potevano essere ottenuti con lunghe esposizioni, registrando, in maniera oggettiva, quello che prima era affidato alla memoria visiva dell'osservatore e alla sua capacità di disegnarlo. Cominciarono così le osservazioni fotografiche sistematiche degli spettri.

All'inizio del Novecento, l'astronoma americana Annie Cannon (1863-1941) compilò, basandosi su spettri fotografici, un'ampia classificazione spettrale, pubblicata in numerosi volumi degli Annali dello Harvard College Observatory, includente più di 225.000 stelle. Le stelle sono indicate con la sigla HD, le iniziali del finanziatore di questa enorme opera, Henry Draper; la classificazione di Harvard dava, oltre al tipo spettrale, anche lo splendore apparente (cioè dipendente sia dallo splendore intrinseco della stella che dalla sua distanza), misurato in magnitudini. La classificazione di Secchi era ormai superata, perché la fotografia mostrava dettagli più precisi e numerosi. Annie Cannon ordinò le stelle secondo tipi indicati da lettere dell'alfabeto – e precisamente: O, B, A, F, G, K, M – e sottotipi indicati da numeri da 0 a 9. Le O, le B e le A corrispondono alle stelle biancoazzurre di Secchi; le F e le G a quelle gialle; le K alle arancioni, le M alle rosse. Le stelle con le righe brillanti, del «tipo assai bizzarro e vario» di Secchi, si trovano soprattutto fra le stelle più calde (tipo O, B) e le più fredde (tipo M) (fig. 10a-c). Gli studenti di lingua inglese memorizzano i tipi di Harvard con la frase: «Oh Be A Fine Girl, Kiss Me».

Il 90 per cento delle stelle classificate appartiene ai tipi da O a M; una piccola percentuale, che ha più o meno lo stesso colore delle M, quindi la stessa temperatura, e corrispondente

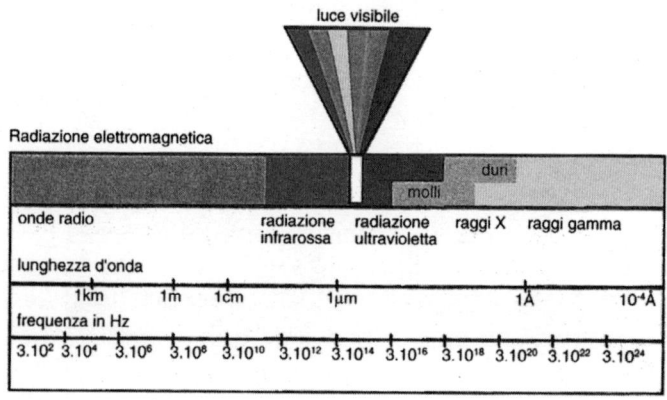

a

Figura 10. a) Lo spettro elettromagnetico. Come si vede, la luce visibile rappresenta solo una piccolissima parte dell'intero spettro delle radiazioni.
b) Esempi di spettri stellari: i tipi della classificazione di Harvard, dal tipo O (temperatura superficiale di circa 30.000 gradi) al tipo M (temperatura di circa 3000 gradi).
c) Una serie di spettri di stelle di tipo A0 aventi tutte circa la stessa temperatura superficiale di 10.000 gradi, ma diversa luminosità. Le righe dello spettro dell'idrogeno sono tanto più sottili quanto maggiore è la luminosità. Con *Ia* sono indicate le stelle più luminose (o supergiganti), con *III* le giganti e con *V* le meno luminose, dette anche nane.

1. Storia dell'astronomia

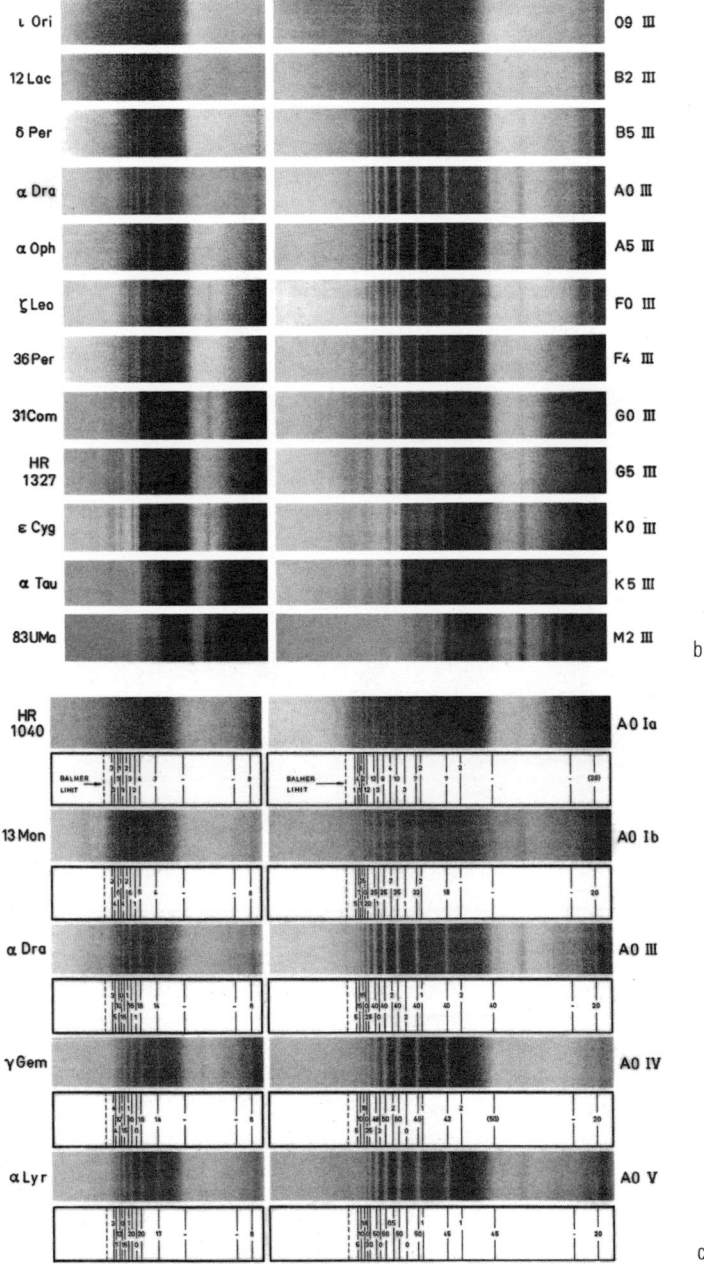

b

c

al quinto tipo di Secchi, presentava bande diverse. In seguito si scoprì che le M contengono soprattutto ossidi di titanio, mentre la classe che fu chiamata S contiene bande di ossidi di lantanio e altre terre rare, e quelle che furono chiamate R ed N contengono composti del carbonio. Oggi sono incluse in un unico tipo C, ad indicare la prevalenza di bande dovute a composti di questo elemento. Inoltre le stelle di colore azzurro, come le stelle di tipo O, ma caratterizzate rispettivamente da intense righe di emissione di atomi di carbonio e di azoto più volte ionizzati, furono chiamate WC e WN.

Sebbene fosse chiaro che le differenze di colore erano dovute a differenza di temperatura, non si capiva il perché delle differenze degli spettri di righe che accompagnavano le varietà di colore. Si parlava di stelle all'idrogeno, di stelle al ferro, attribuendo le differenze a variazioni di composizione chimica.

La legge di Kirchhoff

Il perché delle righe scure fu spiegato da una semplice esperienza di laboratorio, compiuta dal fisico tedesco Gustav Robert Kirchhoff (1824-1887). Egli osservò lo spettro di un gas (per esempio sodio, o idrogeno) e vide che era composto da due righe brillanti nel giallo, oppure da una forte riga nel rosso, una un po' più debole nel verdeazzurro, e una ancora più debole nel violetto. Poi tolse la sorgente di gas e dispose una sorgente di spettro continuo, come un pezzo di ferro incandescente, davanti alla fenditura di uno spettroscopio, e notò una striscia colorata dal rosso al violetto (appunto uno spettro continuo). Infine introdusse un'ampolla col gas (per esempio gas di sodio, oppure idrogeno, a temperatura un po' più bassa di quella della sorgente di spettro continuo) fra il ferro incandescente e la fenditura dello spettroscopio, e si accorse che nello spettro continuo apparivano delle righe scure, nella posizione in cui il gas dava luogo alle righe brillanti. Nel caso del sodio, due righe scure nel giallo.

Questa esperienza lo condusse a stabilire la seguente legge: *ogni gas, portato all'incandescenza, assorbe le stesse righe che è in grado di emettere.*

Era la chiave per fare un'analisi chimica qualitativa delle stelle. Infatti, confrontando gli spettri stellari con gli spettri dei vari elementi portati allo stato gassoso, si poteva capire quali di questi elementi erano presenti nelle atmosfere stellari.

Solo agli inizi del Novecento si cominciò a capire che i vari elementi allo stato gassoso danno luogo a righe (sia scure che brillanti) solo in determinate condizioni di densità e temperatura. In realtà tutte le stelle hanno praticamente la stessa composizione chimica, e le differenze negli spettri di righe dipendono solo dalle condizioni fisiche (temperatura e densità) dei loro strati superficiali, quelli cioè che danno origine allo spettro.

Agli inizi del Novecento si cominciarono a capire le leggi che regolano l'emissione da parte dei corpi (fig. 11a-b). Max Planck (1858-1947) scoprì le ragioni per cui un corpo opaco, portato all'incandescenza, emette radiazioni – dalle più energe-

Figura 11. a) Le curve di emissione di un «corpo nero» in funzione della lunghezza d'onda per diverse temperature (curve planckiane). Si definisce corpo nero un corpo in grado di assorbire completamente la radiazione ricevuta.
b) L'emissione di radiazione da parte del Sole, osservata da satellite (curva a tratto pieno) e dal livello del mare, con gli assorbimenti da parte dell'atmosfera terrestre indicati dalle aree scure, confrontata con la planckiana per la temperatura di 6000 gradi di kelvin (curva tratteggiata).

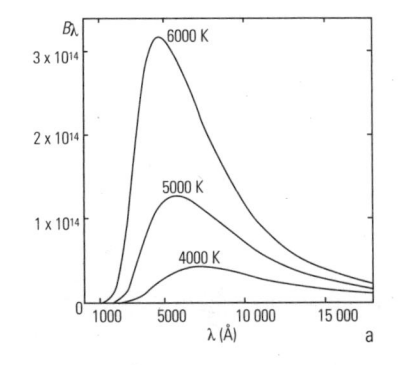

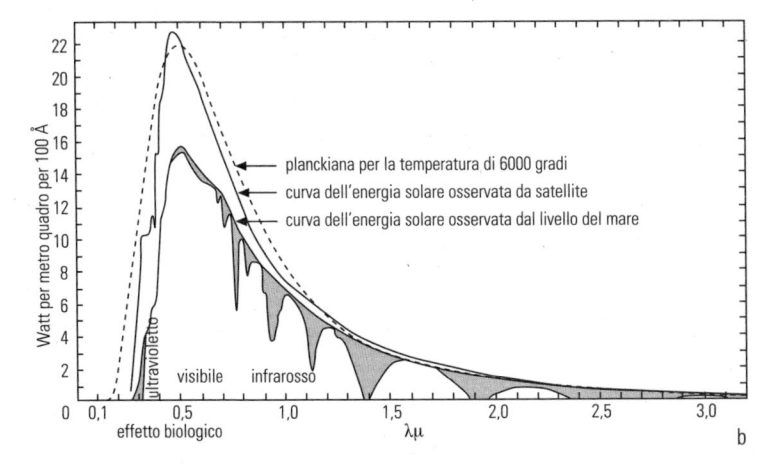

tiche (raggi gamma e raggi X), alle meno energetiche (onde radio) – secondo una curva a campana, con un massimo di emissione tanto più spostato verso il violetto quanto maggiore è la sua temperatura. Confrontando l'emissione di luce delle stelle alle varie lunghezze d'onda, con le curve di Planck, si poteva determinare la loro temperatura superficiale. Queste curve spiegano perché il Sole ha un massimo nel giallo-verde, corrispondente a una temperatura superficiale di circa 6000 gradi; Vega nell'azzurro, corrispondente a una temperatura di circa 10.000 gradi; e Betelgeuse nel rosso, corrispondente a una temperatura di 3000 gradi.

Niels Bohr (1885-1962) e Megh Nad Saha (1893-1956) scoprirono le leggi che regolano l'emissione e l'assorbimento di radiazione da parte degli atomi. Gli atomi dei vari elementi possono emettere, o assorbire, le loro righe caratteristiche solo in determinate condizioni di temperatura e densità. L'elio ha bisogno di molta energia per emettere o assorbire, e così pure gli atomi di ossigeno e carbonio ionizzati (che hanno perso cioè due o tre dei loro elettroni a causa degli urti fra gli atomi del gas stellare, tanto più violenti quanto maggiore è la temperatura, oppure a causa dell'energia fornita dalla radiazione). Perciò solo gli spettri delle stelle più calde contengono le righe di questi elementi; per ragioni analoghe le righe dell'idrogeno dominano nelle stelle A, con temperatura di circa 10.000 gradi, le righe dei metalli in quelle più fredde. Quindi le differenze, negli spettri di righe, sono dovute esclusivamente a differenze di condizioni fisiche, ovvero di temperatura e densità, ma non di composizione chimica. Di conseguenza, è stato possibile fare delle analisi chimiche delle atmosfere stellari non più soltanto qualitative (dire cioè se un elemento è presente oppure no), ma anche quantitative (determinare cioè l'abbondanza di un qualsiasi elemento). Torneremo a parlare più in dettaglio dei risultati di queste analisi quantitative; diciamo, per ora, che tutte le stelle hanno praticamente la stessa composizione chimica: il 70% della loro massa è idrogeno, il 28% elio, mentre tutti gli altri elementi concorrono al 2%, o anche meno.

6. Il XX secolo

Nel secolo XX la nostra conoscenza dell'universo ha fatto enormi progressi. Fra i più grandi scienziati, e le maggiori tappe di questo processo di conoscenza, ricordiamo Albert Einstein (1879-1955) e la teoria della relatività ristretta, che va certo contro la comune esperienza dei nostri sensi, ma è sostenuta da numerose conferme sperimentali; e la teoria della relatività generale, che spiega la forza di gravità come il risultato della distorsione dello spazio in presenza di masse, ed elimina la necessità di ammettere un'azione istantanea a distanza nel vuoto, che rendeva tanto perplesso Newton.

All'inizio del secolo non si conosceva, nemmeno a grandi linee, come fosse strutturato l'universo, e molti pensavano che le stelle fossero distribuite ovunque, in modo uniforme, e che il Sole si trovasse più o meno al centro. Negli anni Venti, grazie soprattutto alla serie di osservazioni di spettri di «nebulose», si capì che alcune erano nubi di gas relativamente vicine al Sole, mentre altre, in particolare le «nebulose spirali», erano grandi famiglie di stelle e nubi gassose, a distanze cento – o mille e più – volte quella delle stelle più lontane della Via Lattea. Divenne, così, evidente che nell'universo esistono molte migliaia di famiglie stellari, separate le une dalle altre da milioni di anniluce, che oggi chiamiamo «galassie» e che allora furono dette «universi isole».

Che il Sole non si trovi al centro della Via Lattea, ma in posizione molto periferica, fu scoperto da Harlow Shapley (1885-1972), agli inizi degli anni Venti. Nello stesso periodo, le osservazioni sistematiche di spettri di galassie, compiute soprattutto da Edwin Hubble (1889-1953), mostrarono che l'universo è in espansione e posero le basi per lo sviluppo della cosmologia. Nel 1930 il fisico svizzero Robert Trumpler (1886-1956) scoprì la presenza delle polveri interstellari, mentre nel 1904 Julius Friedrich George Hartmann (1845-1936) aveva individuato il gas interstellare.

7. La radioastronomia e l'era spaziale

Fino al 1930 l'universo era stato studiato osservando la luce emessa dalle stelle, dapprima ad occhio nudo, poi – a partire dal 1610, con Galileo – utilizzando il cannocchiale, e in seguito i telescopi più potenti. È solo alla fine dell'Ottocento che all'osservazione visuale si sostituisce la fotografia; ma già all'inizio del secolo successivo si viene a conoscenza che i corpi caldi, come le stelle o i gas interstellari, non emettono soltanto luce, ma tutto lo spettro elettromagnetico, dalle onde più brevi ed energetiche – come i raggi gamma ed X –, alle più lunghe – come le onde radio. Per l'inadeguatezza delle tecnologie, tutta questa ricchezza di informazioni sui corpi celesti non era ancora pienamente sfruttata, perché i raggi X, l'ultravioletto e gran parte dell'infrarosso vengono assorbiti dalla nostra atmosfera, e si riteneva, comunque, che queste radiazioni dessero un contributo trascurabile all'energia complessivamente emessa, cosa parzialmente vera per il Sole.

Nel 1932 avvenne una grande scoperta per la storia dell'astronomia: Karl Jansky (1905-1950), un ingegnere della Bell Telephone Company, stava studiando le cause di rumore che disturbavano le trasmissioni transoceaniche a onde corte, 10-15 metri. Fra le tante cause di disturbo – alcune naturali come i temporali, altre di natura umana come il passaggio dei camion o l'utilizzo delle macchine utensili – registrò un rumore che sorgeva a Est e tramontava a Ovest, con lo stesso andamento del Sole. In un primo tempo Jansky lo attribuì al Sole, ma col passare delle stagioni si accorse che i rumori non provenivano più dalla direzione in cui si trovava il Sole, ma dalla costellazione del Sagittario: con questo dato, si rese conto che la causa di rumore proveniva dal centro della galassia, là dove Shapley lo aveva individuato. Nacque così la radioastronomia, che cominciò a svilupparsi solo una quindicina di anni più tardi, ovvero dopo la seconda guerra mondiale.

Alla fine degli anni Cinquanta ha inizio, invece, l'era spaziale. Con i primi modesti strumenti a bordo di razzi si cominciano ad osservare le radiazioni ultraviolette emesse dalle stelle, completamente assorbite dalla nostra atmosfera. Negli anni Sessanta vengono lanciati i primi satelliti ad uso astronomico, dotati di telescopi per l'ultravioletto e di rivelatori di raggi X.

Si cominciò a capire che il cielo ultravioletto, quello a raggi X e quello radio hanno caratteristiche completamente diverse e sorprendenti rispetto a quello conosciuto dall'osservazione ottica. È come se un prigioniero, nato e vissuto in una torre con un'unica finestra da cui vede solo il mare, immagini che tutta la Terra sia mare. In seguito gli viene aperta un'altra finestra, dalla quale può scorgere un altro aspetto della Terra e vede le foreste. Da una terza apertura può ammirare le montagne, da una quarta le città, e comincia a poco a poco ad avere una visione completa del suo pianeta. La stessa cosa è accaduta agli astronomi. Hanno potuto constatare, ad esempio, che esistono galassie, insignificanti dal punto di vista ottico, ma molto intense nell'infrarosso. O capire che i raggi gamma, estremamente intensi e imprevedibili, provengono da lontane galassie, in luoghi dove avvengono formidabili esplosioni di stelle di grande massa, alla fine della loro vita.

Grazie alle osservazioni radioastronomiche, negli anni Sessanta si sono fatte straordinarie scoperte: nel 1963 le quasar (sorgenti radio quasi stellari), nel 1965 la cosiddetta «radiazione fossile», che ci mostra com'era l'universo primordiale, nel 1967 le pulsar e, sempre in quegli anni, la presenza di numerose molecole organiche nei rarefatti spazi interstellari. Di tutte queste scoperte parleremo in dettaglio nei capitoli seguenti.

8. Gli osservatorî astronomici, passati e presenti, a terra e nello spazio

La costruzione di osservatorî risale all'età della pietra: si ritiene che Stonehenge (Inghilterra) fosse, oltre che un luogo di culto, anche un luogo di indagine astronomica, e rimane ancor oggi un mistero con quali mezzi i grossi blocchi di pietra siano stati tagliati, trasportati e sistemati sul posto. È probabile che fosse una sorta di calendario, con lo scopo di regolare e indicare i tempi per l'agricoltura, e funzione simile dovevano avere anche le piramidi egizie o quelle dell'America latina.

Fino a tutto l'Ottocento molti osservatorî avevano, come compito principale, la misura del tempo e l'astronomia nautica; anche l'osservatorio di Trieste rivestì, fino alla fine dell'Ottocento, grande importanza per la navigazione, mentre oggi si dedica unicamente allo studio fisico dei corpi celesti.

Il telescopio è uno strumento fondamentale, capace di catturare, dai corpi celesti, una quantità di luce enormemente superiore a quella dell'occhio nudo: quanto più grande è la superficie dello specchio, tanto maggiore è la quantità di luce presa. Ecco, perciò, la necessità di costruire telescopi sempre più potenti, in grado di osservare gli oggetti più deboli e lontani. La misurazione e lo studio della radiazione sono la fase successiva. Tre le operazioni fondamentali: 1) utilizzare l'immagine – se si osserva un oggetto esteso come il Sole, la Luna, i pianeti, una nube di gas interstellare o una galassia – riprendendola con una camera fotografica, alla quale oggi si sostituisce quasi sempre un rivelatore elettronico, più sensibile e preciso; 2) misurare l'intensità della radiazione con un fotometro (letteralmente, misuratore di luce: *fos*, in greco, significa luce). Anche l'occhio, o la lastra fotografica, possono funzionare da fotometro, ma più spesso si usano fotomoltiplicatori fotoelettrici, molto sensibili e precisi; 3) analizzare la radiazione nelle sue componenti monocromatiche, e cioè studiare lo spettro grazie ad uno spettrografo.

Fino alla metà del Novecento, ogni osservatorio comprendeva, nella propria sede, accanto alla biblioteca e agli uffici, anche gli stessi telescopi, spesso nell'immediata periferia delle città. Ancora nell'Ottocento erano ubicati addirittura in piena città. Quello del Collegio Romano, ad esempio, usato da padre Secchi, il quale si può dire sia stato l'iniziatore della fisica stellare, si trovava nel centro di Roma, posto sul tetto dell'edificio. Ma a quei tempi non esisteva né l'inquinamento luminoso, né quello da polveri, lo smog.

L'importanza di un osservatorio dipendeva, in gran parte, dalle dimensioni dei suoi telescopi. Il telescopio di Monte Wilson, sopra Los Angeles, di due metri e mezzo di diametro, entrato in funzione nel 1919, fu il primo grande telescopio moderno. La località prescelta era una montagna alta 1742 metri e ritenuta, allora, sufficientemente lontana dall'abitato; oggi il telescopio è quasi inutilizzabile a causa delle luci della metropoli sottostante.

Itinerario di un'astrofisica

Anch'io, preparando la tesi di laurea, ho lavorato ad un piccolo telescopio di 30 cm di diametro, situato sul tetto dell'Osservatorio di Arcetri, sulle colline fiorentine, con la città distesa sotto. Eppure, ancora a quel tempo – era il 1944 – si potevano fare osservazioni, sebbene con uno strumento così modesto, ottenendo risultati degni d'essere pubblicati su riviste internazionali di grande prestigio. Allora non esisteva l'inquinamento luminoso, la guerra era in corso e le città sprofondavano nel buio più completo dell'oscuramento.

A Merate, succursale dell'Osservatorio di Brera a Milano, a soli 300 metri sul livello del mare, ho lavorato tutte le notti serene degli anni tra il '54 e il '64. Non era certo un posto ideale; in Brianza il cielo raramente è bello, quasi sempre velato da una leggera foschia. Solo dopo un temporale rimane terso per 2 o 3 giorni. Le notti più limpide di solito capitano a settembre, dicembre e gennaio, poi la nebbia riduce molto lo splendore delle stelle. A Merate la cupola del telescopio Zeiss è su una collinetta che sovrasta di una decina di metri il parco sottostante. Spesso la cupola emergeva a mala pena dalla nebbia.

Nei quindici giorni delle fasi lunari tra il primo quarto e l'ultimo, che comprendeva dunque la Luna piena, si lavorava con lo spettrografo. L'immagine della stella cadeva su una sottile fenditura e perciò il chiarore del cielo illuminato dalla Luna non dava nessun disturbo. Nei quindici giorni fra l'ultimo e il primo quarto, includenti la Luna nuova, lavoravano i fotometristi che avevano invece bisogno di un cielo quanto più scuro possibile.

Il secondo grande telescopio fu quello di Monte Palomar, di 5 metri di diametro, situato circa 150 km a sud di Monte Wilson, vicino a San Diego. Entrò in funzione nel 1948; oggi anch'esso è gravemente disturbato dalle luci di San Diego.

In Italia il primo grande telescopio fu inaugurato nel 1943: era il metro e 20 di Asiago. Il secondo era il telescopio da un metro di Merate, presso Lecco: si trattava di uno Zeiss (la prestigiosa casa produttrice di lenti), fornito dalla Germania in riparazione dei danni della prima guerra mondiale, un ottimo strumento per l'epoca.

Almeno fino agli anni Cinquanta, dunque, tutti gli osservatorî avevano il loro telescopio in località vicine agli abitati, e presso di essi era consuetudine, per gli astronomi, avere il proprio alloggio: questo rendeva più facili e comode le osservazioni di notte.

Verso la fine degli anni Sessanta cominciò la costruzione dei grandi telescopi internazionali, posti in località spesso impervie, perché sia lo smog che l'inquinamento luminoso avevano

Figura 12. L'illuminazione artificiale rende impossibile l'osservazione del cielo dalle città. Una foto dell'Europa osservata da un satellite artificiale mostra il grado di «inquinamento luminoso» del nostro continente.

reso quasi impossibili le osservazioni astronomiche in gran parte dell'Europa (fig. 12).

Gli americani eressero i loro telescopi sulle montagne desertiche dell'Arizona e sulle Ande cilene, circa lo stesso luogo scelto dagli europei per il loro osservatorio dell'emisfero australe (ESO = European Southern Observatory), in una località dove i cieli sono tersi almeno 300 notti l'anno e l'atmosfera particolarmente calma. La turbolenza atmosferica, infatti, disturba le immagini. Vi sarà capitato di guardare il cielo in una notte limpida e molto ventosa; vedrete che le stelle, che in calma di vento appaiono come dei puntolini brillanti, quando c'è vento si allargano, mutano continuamente di dimensioni, sfarfalleggiano, dando luogo alla rappresentazione popolare della stella a cinque punte. Gli studi fatti alla ricerca delle località più idonee ad ospitare i grandi telescopi hanno mostrato che sugli altipiani, protetti da due o tre catene di montagne, la turbolenza è minima.

Per l'osservazione del cielo australe i luoghi migliori, oltre alle Ande cilene, si trovano nel deserto australiano. Inoltre, dal vulcano spento Mauna Kea nelle Hawaii, è possibile osservare gran parte dell'emisfero boreale e di quello australe, grazie alla sua latitudine di +20 gradi. Su questo vulcano sono in funzione i due grandi telescopi Keck, di 10 metri di diametro. Nell'emisfero boreale i luoghi migliori si trovano nel deserto dell'Arizona, dove sarà situato un telescopio italoamericano, costituito da due specchi di 8 metri di diametro ciascuno, portati da un'unica montatura a forcella, che lo fa somigliare a un gigantesco binocolo: infatti è chiamato Large Binocular Telescope (LBT). Il completamento di questo telescopio ha subìto molti ritardi per l'opposizione dei nativi e degli ambientalisti: la montagna su cui dovrebbe essere installato è sacra per le tribù indiane, e in quei boschi vive una specie di scoiattolo, lo scoiattolo rosso, unica al mondo. Tuttavia la costruzione di un osservatorio dovrebbe ridurre al minimo l'impatto ambientale ed essere di salvaguardia anche per il futuro perché, come abbiamo detto, il dilagare delle costruzioni rende impossibile le osservazioni astronomiche. Altri luoghi eccellenti si trovano nella Bassa California messicana e nelle isole Canarie. Infine, un luogo eccezionale per la secchezza del clima e la trasparenza atmosferica, anche se un po' scomodo, è l'Antartide, che sta diventando un centro internazionale per astrofisici, geofisici e molti altri scienziati.

Lo European Southern Observatory sta completando la costruzione del VLT (Very Large Telescope), composto da 4 specchi di 8 metri di diametro ciascuno, collegati da fibre ottiche, equivalenti ad un unico specchio di 16 metri di diametro. I primi 3 specchi stanno già lavorando egregiamente, e le loro qualità ottiche sono tali da fornire un rendimento superiore a quello dei 10 metri Keck.

Questi grandi telescopi, che chiameremo «della nuova generazione», sono completamente diversi da quelli classici, come il 5 metri di Monte Palomar o quello russo da 6 metri, il cui diametro sembrava essere un limite insuperabile, e che invece è stato ampiamente valicato, grazie ai grandi progressi dell'elettronica e dell'informatica. Ecco perché: per avere buone immagini, la superficie parabolica di uno specchio astronomico (simile, in questo, a un gigantesco specchio da barba) non può scostarsi più di un decimillesimo di millimetro dalla forma geometrica ideale. Ora, a parte le difficoltà tecniche di realizzare una superficie così estesa e perfetta, si deve tener conto del fatto che il vetro è un fluido e tende a deformarsi; perché il blocco di vetro sia sufficientemente rigido occorre avere uno spessore pari ad 1/5 del diametro, ed è per questo che il telescopio di Monte Palomar (5 metri di diametro) ha uno spessore di circa un metro. Questa pesante massa di vetro è attaccata al tubo del telescopio, che per seguire il moto apparente degli astri deve avere una montatura «equatoriale». Ciò significa che il telescopio deve ruotare attorno ad un asse parallelo all'asse di rotazione della Terra (asse polare), e quindi essere inclinato rispetto all'orizzonte di un angolo pari alla latitudine del luogo. Più pesante è lo specchio più rigida e pesante deve essere la montatura. Tutte queste condizioni rendevano praticamente impossibile realizzare un telescopio classico con specchi superiori ai 6 metri.

La nuova tecnologia permette di fabbricare specchi sottili; gli specchi da 8 metri del VLT hanno uno spessore di soli 17 centimetri, e sono sostenuti da numerosi appoggi collegati ad un computer. Una sorgente puntiforme, detta stella artificiale, permette di rilevare in tempo reale le deformazioni dell'immagine, e il computer può azionare questi supporti in modo da mantenere perfetta la curvatura dello specchio e la bontà dell'immagine. Ma non è tutto. Anche l'atmosfera, a causa della turbolenza, deforma le immagini, e perciò si cercano località dove l'atmosfera sia particolarmente calma. Ma elettronica e informatica permettono in parte di superare anche questo problema, posizionando una lente molto sottile – la chiamano lente di gomma, ma in realtà è di vetro – sul cammino del fascio. La deformazione dell'immagine, causata dalla turbolenza, è dovuta al fatto che il fascio luminoso non è più costituito da raggi paralleli, bensì da un fascio di raggi distorti in modo continuamente variabile. Il computer può comandare le modifiche da apportare costantemente alla superficie della «lente di gomma», in modo da ottenere una deformazione uguale e contraria a quella introdotta dall'atmosfera.

La turbolenza nell'infrarosso varia con tempi dell'ordine del secondo, e allora si riesce a compensarla; ma quanto più breve è la lunghezza d'onda (come quella delle radiazioni visibili) tanto più rapidamente avvengono le variazioni, e compensarle diventa sempre più difficile. Si chiamano «ottiche attive» quelle in cui vengono corrette le deformazioni dello specchio, e «ottiche interattive» quelle che compensano la turbolenza.

Anche il telescopio nazionale italiano Galileo (TNG), di 3,5 metri di diametro, è dotato del sistema di compensazione della turbolenza.

Gli osservatorî di oggi sono istituti dotati di computer e di biblioteche, dove si elaborano i dati presi dai grandi osservatorî internazionali, o dai satelliti, e tutt'al più dispongono di modesti telescopi ad uso didattico. Poiché il tempo richiesto dagli astronomi supera di gran lunga quello disponibile, alcune commissioni internazionali, composte da ricercatori di varia nazionalità e competenza – esperti di fisica stellare, esperti della nostra galassia, del mezzo interstellare, delle galassie, cosmologi – assegnano il tempo impiegabile al telescopio in base alla bontà del programma proposto. In generale, un gruppo di ricercatori ottiene poche notti all'anno per svolgere il programma previsto; il resto del tempo sarà speso per studiare il materiale ottenuto e interpretarlo fisicamente.

Ma cerchiamo di capire meglio come si svolge il lavoro dei ricercatori negli osservatorî astronomici. Come abbiamo detto all'inizio, nell'uso comune «astronomo» è il termine con cui si indica, di solito, chi si occupa di astronomia classica – la meccanica celeste, i moti e le distanze delle stelle –, mentre per «astrofisico» s'intende colui che studia questi corpi – le stelle, i pianeti, le galassie – dal punto di vista fisico, cioè ne misura la temperatura, la densità, cerca di conoscere lo stato della materia (se solido, liquido o gassoso) e la composizione chimica, utilizzando la conoscenza delle leggi di emissione di radiazione sperimentate in laboratorio, e cioè come avviene l'emissione di radiazione da un corpo in diverse condizioni di temperatura e densità. Dalle leggi dei gas egli ricava la struttura delle stelle e la natura delle fonti d'energia.

A seconda dei corpi che studiano, gli astrofisici si dividono in fisici planetari, solari, stellari, galattici, extragalattici, in specialisti del mezzo interstellare, in cosmologi che studiano l'universo nel suo insieme e cercano di capirne l'origine e l'evoluzione. In tutte queste specializzazioni vi sono i fisici teorici, che formulano le teorie, e quelli sperimentali, che osservano e interpretano le osservazioni. Queste sono le due gambe su cui camminano la fisica e l'astrofisica, perché il teorico può ipotizzare certi fenomeni e chiedere allo sperimentale di verificarli con le osservazioni; lo sperimentale, dal canto suo, riscontra alcuni fenomeni e chiede al teorico di spiegarli, in un continuo scambio.

Anche nelle scienze si segue un po' la moda. Gli argomenti di ricerca preferiti cambiano nel tempo, spesso in conseguenza dei progressi strumentali e della conoscenza. In questi ultimi vent'anni lo studio della struttura e dell'evoluzione delle galassie e la cosmologia sono i filoni più seguiti, grazie anche al fatto che gli eccezionali progressi tecnologici rendono possibile osservare le galassie più deboli e lontane e vedere l'aspetto dell'universo quando ancora le galassie non si erano formate. Tra gli anni Venti e Quaranta la disciplina in voga era il Sole; in seguito si è grandemente sviluppato lo studio delle stelle, della loro composizione chimica ed evoluzione, del modo in cui si modificano ed evolvono – un campo praticato ancora da un gran numero di ricercatori. Infatti, sebbene di esse si conoscano molti aspetti, tuttavia rimangono numerose classi di stelle che presentano fenomeni non compresi; inoltre, l'indagine sulla formazione delle stelle dalla materia interstellare, in regioni a bassa temperatura, che emettono solo nell'infrarosso e a microonde, è divenuta possibile solo recentemente grazie ai satelliti per l'infrarosso. Così, pure lo studio del mezzo interstellare ha ricevuto un grandissimo impulso dai satelliti per l'ultravioletto.

Gli astrofisici sperimentali lavorano essenzialmente al computer, elaborano e interpretano i dati registrati su nastro o cassetta che vengono dai grandi telescopi e dai satelliti; esaminano lo spettro delle stelle, delle nubi di gas e delle galassie, analizzano il variare d'intensità della radiazione in funzione della lunghezza d'onda, osservano le immagini delle galassie, la loro forma, la distribuzione delle stelle e del mezzo interstellare. Infine, interpretano queste misure basandosi sulle leggi della fisica e leggendo la letteratura scientifica sull'argomento, per sapere cosa è già stato indagato, e verificare i problemi insoluti, cercando di spiegarli – possibilmente – con le ultime osservazioni. Le biblioteche, in questo senso, sono fondamentali; si può, anzi si dovrebbe, andare a leggere gli articoli sullo stesso argomento, anche quelli di molti anni prima. Oggi, tuttavia, si riscontra non di rado la tendenza a dimenticare di documentarsi su quanto scritto in precedenza e di informarsi su che cosa gli altri hanno già scoperto, riscoprendo, talvolta, l'ombrello!

In conclusione, quando si intraprende un programma di ricerca, è indispensabile sapere che cosa è stato fatto e che cosa resta ancora da fare. Il lavoro solitamente termina con una pubblicazione, nella quale si descrivono gli strumenti usati, le osservazioni fatte, i metodi di riduzione delle osservazioni e la loro interpretazione. La lingua universale nella scienza è l'inglese. Gli editori delle riviste internazionali mandano l'articolo a uno o più *referee*, ossia esperti del campo, di solito anonimi, i quali giudicano e consigliano. Raramente una pubblicazione viene accettata subito: un lettore estraneo al lavoro scorge i punti non chiari, e offre un contributo utile. Esistono – anche qui! – degli esperti poco onesti, che lavorano nello stesso campo e tendono a stroncare il lavoro, a ritardarne la pubblicazione, a fare uscire prima il loro. Fortunatamente nel nostro settore, dove non ci sono interessi economici come, per esempio, in medicina, questo succede assai di rado.

Per diffondere e discutere del proprio lavoro, ancora prima della pubblicazione, i congressi internazionali, dedicati ad argomenti ristretti, rappresentano una buona occasione; là s'incontrano i maggiori esperti con cui confrontare i propri risultati. Hanno invece perso molto interesse i grandi congressi internazionali, come quelli dell'Unione Astronomica Internazionale (IAU), che si tengono ogni quattro anni in varie parti del mondo. Vi partecipa qualche migliaio di ricercatori, e gran parte del tempo è dedicata a problemi organizzativi e burocratici.

9. Telescopi in orbita

Tra la fine degli anni Sessanta e i primi Settanta, sono cominciati i satelliti con i telescopi ad uso astronomico per l'osservazione dei raggi X e della radiazione ultravioletta.

Il satellite europeo COS-B ha fornito una prima mappa della Via Lattea in raggi X e individuato le sorgenti X più in-

Tipi di telescopi

Abbiamo parlato dei grandi telescopi moderni, ma è utile avere un'idea degli schemi ottici classici, che sono più o meno comuni ai piccoli telescopi di una volta e ai grandi telescopi di oggi.

Lo strumento fondamentale è il telescopio, un cannocchiale che deve potersi muovere da Est a Ovest con una velocità angolare uguale a quella della Terra, in modo da poter seguire il moto apparente degli astri da Est a Ovest.

I telescopi più semplici hanno specchi da 20 a 50 cm di diametro, e oggi vengono usati dagli astrofili, dai dilettanti o ad uso didattico. Lo specchio è parabolico, concavo come quello usato per la barba. Poiché i corpi celesti si trovano a distanze molto grandi, praticamente infinite, da una stella arriva un fascio di raggi paralleli che vanno a cadere sulla superficie parabolica, che a sua volta li riflette indietro in un punto chiamato «fuoco». Se l'osservatore andasse a guardare direttamente il fuoco, occulterebbe col proprio corpo la luce proveniente dalla stella. Nel dispositivo ideato da Newton, che perciò si chiama «montatura newtoniana», si mette uno specchietto piano in prossimità del piano focale, inclinato di 45 gradi rispetto all'asse del telescopio (fig. 13), che devia il fascio di 90 gradi e permette di osservare comodamente l'immagine, fuori dal tubo del telescopio.

Nel caso di specchi molto grandi – come il 5 metri di Monte Palomar – l'osservatore ha la possibilità di sistemarsi su una sedia sospesa entro il tubo del telescopio subito dopo il piano focale.

Un altro tipo di schema ottico è il *cassegrain*, composto da uno specchio parabolico concavo e uno specchietto iperbolico convesso. Il fascio convergente riflesso dallo specchio concavo va a finire sullo specchietto iper-

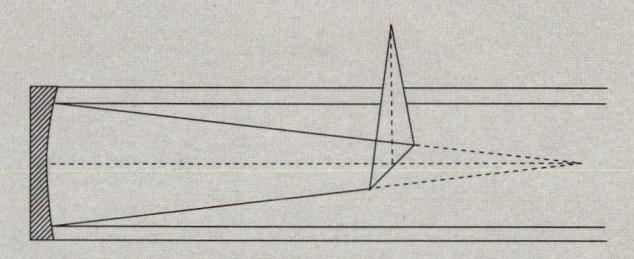

Figura 13. Schema ottico del telescopio newtoniano. Il fascio di raggi paralleli provenienti da una stella viene reso convergente dallo specchio parabolico concavo. Sul fascio di raggi convergenti è situato uno specchietto piano inclinato di 45 gradi rispetto all'asse dello specchio parabolico, che devia il fascio lateralmente a 90 gradi, consentendo di osservare l'immagine della stella nel fuoco dello specchio concavo.

bolico convesso, il quale riduce la convergenza del fascio e lo riflette di nuovo verso il grande specchio concavo: attraverso un foro, il fascio converge dietro lo specchio parabolico dove si trova il piano focale del complesso (fig. 14). Questo schema ottico permette di ottenere focali molto lunghe pur mantenendo la lunghezza del telescopio relativamente piccola, quindi compatta e meno soggetta a flessioni.

Il *cassegrain* viene utilizzato quando c'è bisogno di una focale molto lunga, per esempio per separare le immagini di due stelle vicine. Quando invece si vuole fotografare una vasta zona di cielo e avere una maggiore luminosità, allora serve il newtoniano. Come nelle macchine fotografiche, si chiama «apertura relativa» il rapporto D/f, dove D è il diametro dell'obbiettivo e f la focale. Il telescopio è tanto più luminoso quanto più grande è il rapporto D/f. Se voglio fotografare degli oggetti estesi e deboli come le galassie, allora conviene avere un telescopio luminoso e una focale più corta. Se invece voglio avere una scala più grande, per vedere dei dettagli, conviene il *cassegrain*.

Questi sono i telescopi classici.

I telescopi moderni usano sistemi leggermente diversi, in cui lo specchio principale è un quasi-paraboloide, cioè una superficie non esattamente parabolica, ma modificata in modo da avere buone immagini non solo sull'asse, ma anche qualche grado fuori dall'asse del sistema ottico. Nel caso poi si voglia avere un campo molto grande – di qualche decina di gradi – si usa lo schema Schmidt, che impiega uno specchio principale sferico e una lamina correttrice a forma di «cappello di prete», posta nel centro di curvatura dello specchio sferico (fig. 15).

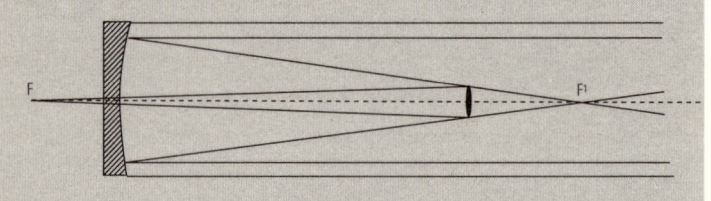

Figura 14. Schema ottico del telescopio cassegrain (1672).

Figura 15. Schema ottico del telescopio Schmidt (1930).

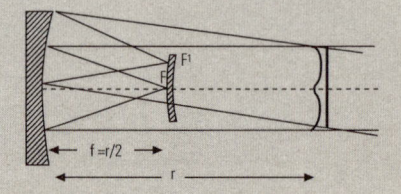

tense; i satelliti americani OAO-2 e COPERNICUS e l'europeo TD 1 hanno misurato la radiazione ultravioletta delle stelle più brillanti.

Nel 1978 fu lanciato l'International Ultraviolet Explorer, meglio noto come IUE, frutto di una collaborazione fra le agenzie spaziali statunitense (NASA), l'europea ESA e l'omologa organizzazione della Gran Bretagna, tutte sempre dedicate allo studio dell'universo ultravioletto. Solo all'inizio degli anni Ottanta la NASA mise in orbita il primo satellite per l'infrarosso IRAS (Infrared Astronomical Satellite). Questi satelliti furono fondamentali per estendere la conoscenza dell'universo ben oltre la finestra ottica e la finestra radio, come si chiamano le bande dello spettro elettromagnetico a cui è trasparente l'atmosfera terrestre.

Ci si potrà chiedere come mai ci sono stati tanti satelliti per l'osservazione dei raggi X e dell'ultravioletto, mentre per l'infrarosso si dovette aspettare il 1982. La spiegazione sta nel fatto che per osservare l'infrarosso bisogna raffreddare il telescopio a temperature di circa 3 gradi assoluti (detti anche gradi kelvin, indicati con la lettera K, dove lo zero assoluto è pari a -273 gradi centigradi). Per ottenere questo, bisogna immergere il telescopio in una specie di grande thermos pieno di elio liquido, il quale evapora lentamente, nel giro di qualche mese. Il raffreddamento è necessario perché i corpi che emettono nell'infrarosso hanno temperature di poche centinaia di gradi, paragonabili a quelle del telescopio in condizioni normali, per cui risulterebbe difficile distinguere le emissioni infrarosse del corpo celeste da quelle dello strumento; diventa quindi indispensabile abbassare il più possibile la temperatura di quest'ultimo, immergendolo nell'elio liquido.

I telescopi per l'ultravioletto sono abbastanza simili a quelli ottici; quelli per i raggi X e soprattutto quelli per i raggi gamma, invece, sono molto diversi.

I satelliti per l'ultravioletto e i raggi X hanno vite lunghe; il più longevo per ora è stato l'IUE che ha funzionato egregiamente per 18 anni, contro i 10 mesi dell'IRAS e i 26 mesi dell'europeo Infrared Space Observatory (ISO). Il telescopio spaziale Hubble (Hubble Space Telescope, HST), in orbita attorno alla Terra a un'altezza di circa 600 km, può essere raggiunto dagli astronauti a bordo delle navette spaziali, i quali eseguono la manutenzione in orbita. Questo è già successo due volte: la prima per correggere i difetti dello specchio, dovuti ad incredibili errori della ditta costruttrice, che ne riducevano grandemente le prestazioni; e la seconda per sostituire alcuni strumenti nel piano focale del telescopio. Si prevede di tenere in orbita HST per più di 20 anni. Dopo l'International Ultraviolet Explorer, il grande telescopio spaziale Hubble è stato il secondo frutto della collaborazione fra le due agenzie spaziali americana ed europea, la NASA e l'ESA: esso è in grado di osservare l'ultravioletto, l'ottico e il vicino infrarosso (lunghezze d'onda da 1 a circa 20 micron), che non ha bisogno delle particolari tecniche di raffreddamento, necessarie per lunghezze d'onda superiori ai 30 micron.

Ad alcuni di questi satelliti sono stati dati i nomi di astro-

Limiti della temperatura

Qui facciamo una parentesi per spiegare perché la temperatura di -273 gradi centigradi è detta zero assoluto. Evidentemente ciò significa che non è possibile raggiungere temperature più basse.

Consideriamo un gas: più alta è la sua temperatura, maggiore è la velocità d'agitazione termica delle particelle, molecole o atomi; con l'abbassamento della temperatura diminuisce la velocità d'agitazione termica per tendere a zero a -273 gradi centigradi. Non esiste invece un limite superiore per la temperatura, che può raggiungere valori infinitamente alti. La velocità d'agitazione termica (v) è data, infatti, dalla seguente formula:

$v = \sqrt{2kT/m}$, da cui $T = v^2 m/2k$

dove k è una costante detta di Boltzmann, T la temperatura, m la massa delle particelle di gas.

Per $v = c$ (la velocità della luce), m diventa infinita (come segue dalla teoria della relatività ristretta di Einstein) e quindi T non ha un limite superiore.

nomi famosi, come nel caso del COPERNICUS, lanciato nel 1972, in coincidenza con il cinquecentesimo anniversario della nascita del grande studioso (1473). Esso recava un telescopio con uno specchio di 80 cm di diametro, il primo grande telescopio per l'ultravioletto, ed anche un rivelatore di raggi X. Nel 1978 la NASA lanciò EINSTEIN, il primo satellite per raggi X, in grado di dare immagini di qualità paragonabili a quelle ottiche, a cui seguirono poi gli europei EXOSAT e ROSAT.

Mentre i primi satelliti per raggi X non davano immagini, ma misuravano solo l'intensità della radiazione proveniente da una ristretta area del cielo, EINSTEIN, EXOSAT e quelli successivi assomigliano ai telescopi ottici – danno cioè immagini – ma grazie ad una tecnica particolare, detta «incidenza radente». I raggi X, che incidono perpendicolarmente alla superficie dello specchio (come avviene per quelli luminosi), a causa della loro breve lunghezza d'onda, paragonabile alla struttura molecolare dello specchio, passano attraverso lo specchio stesso e non vengono riflessi. È come se il fascio di raggi X si trovasse davanti una superficie tutta bucherellata. Inviando invece il fascio

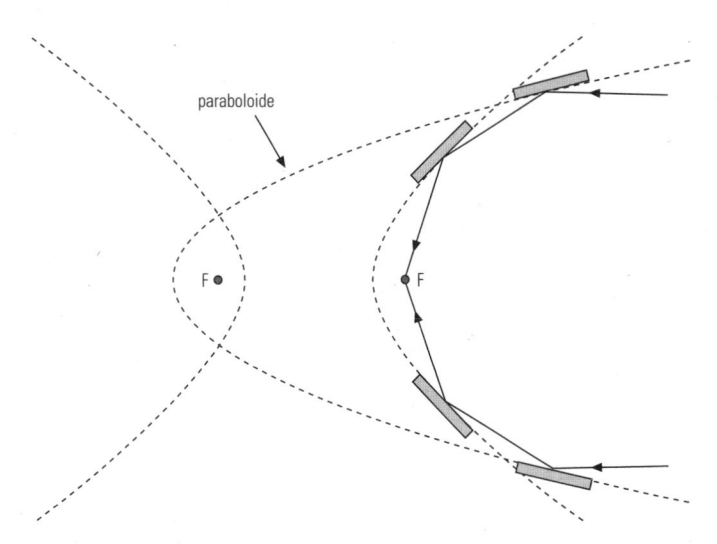

Figura 16. Schema ottico di un telescopio per raggi X a incidenza radente. I rettangolini grigi sono segmenti di specchi parabolici concavi.

con incidenza radente, cioè quasi parallelo alla superficie dello specchio, ha luogo la riflessione. Qualcosa di analogo avviene anche con i raggi luminosi, che a incidenza radente vengono riflessi da una superficie scabra. Capita spesso, viaggiando in macchina, che in distanza l'asfalto sembri bagnato e rifletta la luce del Sole: in realtà, l'asfalto è asciutto e viene riflessa la luce che incide in modo radente sull'asfalto. Per realizzare l'incidenza radente, i telescopi per raggi X hanno uno specchio formato da tante fettine di specchi, in modo che tutti i raggi abbiano incidenza radente, come si vede chiaramente dallo schema ottico (fig. 16).

10. Radiotelescopi

Anche i radiotelescopi, per la maggior parte, somigliano poco a quelli ottici. Il più semplice di tutti è un'antenna Yagi, come quelle televisive che svettano sui tetti delle nostre case, collegata ad un ricevitore radio sintonizzato su un ristretto intervallo di lunghezze d'onda, intervallo dipendente dalle caratteristiche dello Yagi. I paraboloidi sono i radiotelescopi più simili agli strumenti ottici. La parabola ha il compito di focheggiare il fascio di onde radio su uno Yagi, o altro tipo di antenna, posto nel fuoco, che lo invia al ricevitore. Un esempio è il paraboloide di 10 metri di diametro, situato a Basovizza, nella succursale dell'Osservatorio triestino, e usato per misurare le emissioni radio solari a lunghezze d'onda di qualche metro (fig. 17).

Come per i telescopi ottici, la superficie del paraboloide per onde radio non si deve discostare dalla superficie parabolica ideale più di un ottavo della lunghezza d'onda delle radiazioni osservate. Se, per esempio, osserviamo a lunghezze d'onda di un metro, è sufficiente che le discontinuità e le irregolarità della superficie non superino i 12 cm. Ecco perché tante parabole – come quella citata – sono realizzate utilizzando reti metalliche con dei fori di qualche centimetro, e malgrado questo riflettono le onde radio. Insomma, è il caso opposto di quello presentato dai raggi X. Se si lavora a lunghezze d'onda di pochi centimetri, bisogna avere una superficie piena, come quella delle piccole parabole usate per ricevere le trasmissioni televisive. Queste antenne paraboliche per la televisione sono dei piccoli radiotelescopi. L'antenna nel fuoco del paraboloide invia le onde radio al

Figura 17. Foto del paraboloide di 10 metri di Basovizza (Trieste) per l'osservazione del Sole a lunghezze d'onda metriche. (Foto Dilena).

ricevitore, il quale misura l'intensità della radiazione che arriva allo stesso modo dei telescopi ottici, nel cui piano focale è collocata una lastra fotografica, o un rivelatore elettronico. I segnali in arrivo danno l'intensità della radiazione che può essere indicata, in maniera analogica, da un registratore, usato come monitor, e da una misura digitale del rumore proveniente dal corpo celeste, espressa da una serie di numeri per ogni istante di tempo in cui avviene l'osservazione. Il maggior problema dei radiotelescopi è costituito dalla scarsa capacità che hanno di distinguere i dettagli di un'immagine, capacità chiamata «potere risolutivo» (corrispondente all'acuità visiva di un occhio, quella cioè che ci viene misurata dall'oculista), che è dato dal rapporto tra la lunghezza d'onda e il diametro del telescopio. Quando la lunghezza d'onda è una frazione di micron, anche un telescopio di pochi decimetri può distinguere dettagli molto fini, mentre l'occhio nudo distingue dettagli dell'ordine di un primo d'arco – questo perché il diametro della pupilla è di pochi millimetri. Un telescopio con un diametro di dieci centimetri ha un potere risolutivo circa 20 volte maggiore dell'occhio nudo, cioè vede dettagli fino a 3 secondi d'arco. In radioastronomia, se lavoriamo a una lunghezza d'onda 100 volte superiore a quella ottica, per avere lo stesso potere risolutivo è necessario un diametro 100 volte maggiore di quello del telescopio ottico.

Poiché è impossibile costruire parabole con diametri chilometrici, si è fatto ricorso agli «interferometri». Ecco in che cosa consistono. Nella forma più semplice si tratta di due parabole, o antenne, separate da una base lunga qualche chilometro, disposta in direzione Est-Ovest. La radiazione che arriva alle due antenne viene misurata da un ricevitore, posto esattamente a metà strada. Poiché, a causa del moto di rotazione della Terra, la sorgente celeste si muove apparentemente da Est a Ovest, la differenza di cammino dei fasci di radiazione che arrivano alle due antenne cambia progressivamente. Quando essa è pari ad un numero intero di lunghezze d'onda, i due fasci arrivano in fase al ricevitore e si ha allora un massimo di intensità; quando invece la differenza di cammino è pari a un numero dispari di mezze lunghezze d'onda, i fasci arrivano in opposizione di fase e il segnale è nullo. Si ha così un alternarsi di massimi e minimi, e l'intervallo fra due massimi consecutivi dà il potere risolutivo del sistema che è eguale alla lunghezza d'onda divisa per la distanza delle due antenne. In altre parole, il sistema equivale, per quanto riguarda il potere risolutivo, ad un'unica antenna di diametro eguale alla distanza delle due antenne. Ad esempio, due antenne poste a due chilometri di distanza equivalgono – dal punto di vista della risoluzione – a un telescopio di 2 chilometri di diametro; dal punto di vista della sensibilità, essa sarà data dalla somma delle aree delle 2 antenne.

Gli interferometri più complessi sono composti da più antenne. I cosiddetti interferometri intercontinentali sono composti da vari radiotelescopi situati in varie parti del globo terrestre, e i segnali che arrivano simultaneamente dai corpi celesti vengono registrati e fatti interferire. In questo caso, il sistema ha un potere risolutivo pari a quello che avrebbe un'unica antenna di diametro eguale alla distanza dei due radiotelescopi più lontani fra loro. Con questo sistema si hanno «diametri equivalenti» di migliaia di km e si possono raggiungere poteri risolutivi superiori a quelli ottici. Per esempio, si potranno vedere dettagli inferiori ad un annoluce in una galassia lontana 5 miliardi di anniluce.

L'Italia fa parte di una di queste reti intercontinentali, con il grande interferometro di Medicina (presso Ferrara), detto Croce del Nord, e un paraboloide in Sicilia, a Noto. Essi misurano la radiazione che proviene dal corpo celeste e determinano l'istante d'arrivo dei fasci che dovranno interferire, con una precisione pari ad una frazione di 1/1.000.000 di secondo, la quale richiede orologi atomici estremamente precisi. Le registrazioni avvengono su nastri magnetici, dove sono riportati il segnale celeste e l'istante di arrivo.

In radioastronomia abbiamo incontrato interferometri e paraboloidi; nell'infrarosso, i telescopi in orbita immersi nell'elio liquido. Altri telescopi in orbita studiano l'ultravioletto, i raggi X e i gamma. Ogni regione dello spettro elettromagnetico ci mostra differenti aspetti del cielo, del tutto sconosciuti quando l'osservazione era limitata alla luce, cioè alla sola radiazione a cui sono sensibili i nostri occhi. Per esempio, le galassie e le nubi di gas dominano il cielo radio, perché le stelle emettono solo debolmente nel dominio radio. Quindi, se i nostri occhi fossero sensibili alle onde radio, potremmo vedere, sia di notte che di giorno, il cielo dominato non dalle stelle o dal Sole – come quando guardiamo a occhio nudo – bensì da galassie e nubi di gas che a occhio nudo non si vedono. Nell'infrarosso si sono individuate galassie insignificanti in ottico e molto intense nell'infrarosso; coi raggi X si osservano stelle debolissime a occhio nudo e fortissimi emettitori di raggi X; nel dominio dei raggi gamma si è scoperto solo recentemente che i responsabili di improvvisi lampi, della durata da pochi secondi a qualche minuto, sono delle stelle esplodenti situate in lontane galassie. Queste esplosioni sono ancora più violente di quelle delle supernovae.

Gamma burst

I cosiddetti gamma bursts, o lampi gamma, sono rimasti a lungo un mistero. A questo proposito, ricordiamo che durante la guerra fredda gli Stati Uniti avevano lanciato dei satelliti, chiamati Vela, con l'intento di scoprire se l'Unione Sovietica faceva esplodere bombe nucleari nell'atmosfera, le quali avrebbero prodotto dei raggi gamma. I satelliti Vela invece scoprirono dei lampi gamma di origine celeste, e cioè degli improvvisi e bruschi aumenti di intensità di raggi gamma, di durata variabile da poche frazioni di secondo a qualche minuto, e che avevano una distribuzione isotropica, ossia provenivano in ugual misura da tutte le direzioni del cielo. Poiché i rilevatori di raggi gamma hanno una bassissima capacità di risoluzione spaziale, era impossibile capire quale fosse l'oggetto celeste responsabile dei raggi gamma in questione. Se i nostri occhi fossero sensibili ai raggi gamma, noi vedremmo improvvisamente apparire una gran luce in un largo settore di cielo per qualche attimo, e poi di nuovo buio. Finché non si sa quale sia l'oggetto celeste che emette i lampi gamma, e quindi qual è la sua distanza, è impossibile stabilire quanta sia l'energia emessa dal lampo. Se fosse un corpo entro il sistema solare, allora l'energia emessa sarebbe relativamente bassa; se invece appartenesse ad una galassia lontana miliardi di anniluce, l'emissione sarebbe estremamente energetica. La distribuzione isotropica dei lampi costringeva ad ammettere che si trattava o di oggetti vicini circondanti il sistema solare, oppure, se appartenenti alla nostra Via Lattea, di oggetti distribuiti su un volume sferico molto più esteso della Via Lattea stessa, tanto che la distanza del Sole dal centro galattico fosse trascurabile rispetto al raggio di questo volume, oppure ancora di oggetti extragalattici.

Il satellite italo-olandese Beppo SAX, dedicato al fisico italiano Giuseppe Occhialini – Beppo per amici e colleghi –, uno degli iniziatori dello studio dei raggi X dallo spazio, ha permesso di trovare i corpi responsabili dei lampi gamma. Beppo SAX è attrezzato con un rivelatore a raggi gamma, due rivelatori a raggi X, uno con una camera a grande campo e uno con una camera a piccolo campo. Quando appare il lampo, lo strumento può passare in breve tempo – qualche ora – dal modo di osservazione a raggi gamma a quello a raggi X con la camera a grande campo. Quindi il rivelatore a raggi gamma segnala l'arrivo del lampo, localizzato entro un angolo di una decina di gradi; la camera a raggi X va a scandagliare questo angolo, cercando una sorgente di intensità decrescente, che quasi certamente è la responsabile del lampo. Il campo viene ristretto ad un grado, che corrisponde al doppio dell'angolo sotto cui vediamo la Luna. In questo campo possono esserci migliaia di oggetti. Occorre restringere ancora il campo, e questo si fa passando l'osservazione alla camera a piccolo campo, che va alla ricerca di una sorgente di intensità decrescente, e ne misura la posizione con una precisione paragonabile a quella ottenuta dai telescopi ottici. I dati sulla posizione vengono segnalati ai telescopi ottici, i quali cercano qual è l'oggetto responsabile delle emissioni gamma e X variabili.

Il primo successo Beppo SAX l'ottenne l'8 maggio 1997, quando il telescopio Keck di 10 metri di diametro poté appurare che l'oggetto segnalato da Beppo SAX era una lontanissima galassia, a circa 8 miliardi di anniluce da noi, e che il lampo non proveniva dal centro della galassia, ma da una zona molto periferica.

È così stato possibile calcolare l'intensità dell'energia emessa dal lampo: in una frazione di secondo, nel solo dominio gamma, l'energia emessa supera di un migliaio di volte quella che emette il Sole in tutto lo spettro elettromagnetico, e in tutta la sua vita di circa 10 miliardi di anni. Si suppone che si tratti della colossale esplosione di una stella con una massa molte decine di volte quella solare, lasciando come residuo una stella di neutroni, o più probabilmente un buco nero. Si tratta di una super-supernova, meglio detta «ipernova».

Un'altra causa della liberazione di tanta energia potrebbe essere lo scontro di due stelle di neutroni.

Sono stati identificati in seguito molti altri responsabili di lampi gamma, tutti provenienti da lontane galassie. Il record per ora è detenuto da un lampo osservato in una galassia situata a 11 miliardi di anniluce, il 31 gennaio 2000.

CAPITOLO 2
IL SOLE E IL SISTEMA SOLARE

IL SOLE

1. La struttura del Sole

Il Sole è la stella che illumina la Terra e gli altri otto pianeti del sistema solare. La massa del Sole è di gran lunga maggiore di quella di tutti i pianeti messi insieme: Giove, il più grosso, ha una massa che è appena un millesimo di quella solare. Fra le 300 e più miliardi di stelle della nostra Via Lattea, il Sole rappresenta un po' il cittadino medio, né troppo grande né troppo piccolo, né troppo freddo né troppo caldo, né troppo giovane né troppo vecchio. Le stelle più calde e massicce hanno temperature superficiali di 20.000-30.000 gradi, e masse da 10 a 20 volte quella del Sole; le più fredde e di piccola massa hanno temperature superficiali di circa 3000 gradi e masse un decimo di quella solare. Le stelle più giovani della Via Lattea si sono formate meno di mezzo milione di anni fa, mentre le più vecchie hanno età pari a 10 o 12 miliardi di anni. Il Sole ha un'età di circa 5 miliardi di anni e il sistema solare di 4,6 miliardi di anni.

Come tutte le stelle, il Sole è un globo completamente gassoso, dal centro, dove la temperatura raggiunge i 13 milioni di gradi circa, alla superficie, di 6000 gradi circa.

Il raggio solare è di 696.000 km e la massa è pari a 1,989 x 10^{33} grammi. Ha una densità media di poco superiore a quella dell'acqua: 1,41 g per cm cubo, mentre al centro è quasi 150 volte quella dell'acqua.

Per capire la struttura del Sole occorre descrivere le parti di cui è composto. Il nocciolo centrale, con una temperatura di circa 13 milioni di gradi, si estende per poco più di un decimo del raggio; in esso avvengono le reazioni nucleari con trasformazione di 4 nuclei di idrogeno (o protoni) in un nucleo di elio. La massa del nucleo di elio è inferiore di 7 millesimi a quella complessiva dei 4 protoni. La massa che sparisce nella reazione si trasforma in energia, secondo la famosa relazione di Einstein $E = mc^2$. Quest'energia si propaga attraverso tutto il Sole e viene poi irradiata dalla superficie. È essa la fonte della luce e del calore che pervengono a noi.

Al di sopra del nocciolo si estende l'interno del Sole, che giunge fino quasi alla superficie. Anche la parte più alta e fredda ha una temperatura di circa 10.000 gradi. Il gas è completamente ionizzato, e cioè i nuclei atomici e gli elettroni sono separati; il gas è quindi composto di particelle cariche, ma nel suo insieme è neutro, perché la carica positiva dei nuclei e quella negativa degli elettroni liberi si compensano esattamente. Questo stato della materia si chiama *plasma*, ed ha la proprietà di essere completamente opaco. Perciò noi non possiamo osservare direttamente l'interno del Sole, ma solo dedurne le condizioni fisiche utilizzando le nostre conoscenze sul comportamento dei gas, e partendo dai dati direttamente osservabili, cioè la temperatura e la densità superficiali, e la quantità d'energia emessa dalla superficie del Sole ogni secondo.

Quello che possiamo osservare direttamente è solo uno straterello di circa 600 km, ossia meno di un millesimo del raggio, dove il gas diventa parzialmente o totalmente neutro, e un gas neutro è trasparente. Questa superficie solare si chiama *fotosfera*, che significa «sfera di luce». Guardando il Sole ad occhio nudo (naturalmente protetto da vetri scuri, fortemente assorbenti per non rovinarsi la vista), avremo l'impressione che il Sole abbia un bordo netto, come se fosse una sfera di metallo. Ciò è dovuto al fatto che il gas è opaco, a parte appunto lo straterello più superficiale della fotosfera, troppo sottile per esser visto ad occhio nudo. Osservando il Sole anche con un modesto cannocchiale (proiettando l'immagine su un foglio bianco), riusciremo invece a scorgere lo straterello gassoso superficiale (tav. I).

Sopra la fotosfera si estende uno strato gassoso molto rarefatto, che potremo considerare l'atmosfera del Sole. Tale strato più esterno che arriva a circa 10.000 km sopra la fotosfera si chiama *cromosfera*, o sfera colorata. Non è osservabile in luce bianca, perché la luce della fotosfera, diffusa dall'atmosfera terrestre, fa sì che lo splendore del cielo vicino al Sole superi di gran lunga quello della cromosfera. Se però usiamo un particolare artificio riusciremo a vedere la cromosfera: essa emette con grande intensità le radiazioni caratteristiche dell'atomo di idrogeno e in particolare la più forte, H alfa, che cade nel rosso; con filtri che tagliano la luce bianca della fotosfera e lasciano passare solo la radiazione H alfa, potremo osservare agevolmente la cromosfera, la quale ci appare composta da tanti piccoli getti di gas continuamente mutevoli, che padre Secchi paragonò ad una prateria infocata. Il nome «cromosfera» deriva dal bel colore rosso della H alfa. Dalla presenza nello spettro della cromosfera delle righe caratteristiche dell'elio, si deduce che la sua temperatura è più alta di quella della fotosfera, e cresce con l'altezza fino a raggiungere i 20.000 gradi. In un gas rarefatto, il termine temperatura indica soltanto la velocità d'agitazione delle particelle, ma non l'effettiva energia irraggiata, che è solo quella dovuta agli strati opachi della fotosfera a 6000 gradi. Infatti un corpo trasparente, qual è la cromosfera, non irradia, o irradia molto poco; per irradiare deve assorbire la radiazione e poi riemetterla. Per esempio, osservate una finestra in pieno sole: il vetro trasparente non si riscalda, e quindi non emette, mentre un corpo opaco, come una persiana metallica, si riscalda e riemette calore.

Sopra la cromosfera troviamo un altro inviluppo ancora più rarefatto che si estende fino a qualche raggio solare, la *corona* interna, mentre, ancora oltre, la *corona* esterna sfuma gradatamente nel mezzo interplanetario. La temperatura della corona è ancora più alta, sempre nel senso di energia cinetica delle particelle.

La presenza di emissioni di gas più volte ionizzati indica temperature fra mezzo milione e un milione di gradi. Le emissioni più forti sono la riga rossa, dovuta agli atomi di ferro spogliati di 9 dei suoi 26 elettroni; la riga verde, sempre dovuta al ferro, ma privato questa volta di 13 elettroni; e la riga gialla, del calcio spogliato di 14 dei suoi 20 elettroni. Solo particelle con energie cinetiche così alte, come quelle corrispondenti a temperature prossime al milione di gradi, possono strappare tanti elettroni agli atomi.

Non comprendiamo bene la ragione per cui la temperatura cinetica raggiunga valori così alti nella corona. Una possibile causa sono le correnti ascendenti e discendenti del gas fotosferico, le quali – salendo nella corona dove il gas è molto rarefatto – si trasformano in violente onde d'urto che «schiaffeggiano» violentemente il gas coronale, cedendo energia alle particelle. Un ruolo non trascurabile deve averlo anche il campo magnetico solare.

La corona più interna e brillante ha uno splendore pari a circa un milionesimo di quello del cielo, e perciò è stato possibile osservarla solo durante le eclissi totali di Sole (tavv. II e III), quando la Luna intercetta completamente la luce della fotosfera. Con l'inizio dell'era spaziale, vari laboratori in orbita attorno alla Terra hanno potuto osservare in continuazione la corona, anche fuori eclisse, perché nello spazio manca la nostra atmosfera che diffonde la luce solare, e il cielo appare completamente nero.

2. L'attività solare

La radiazione solare è estremamente costante, ed è questa una condizione indispensabile per la vita sulla Terra. Sono stati osservati alcuni fenomeni, tuttavia, che influiscono sull'energia globalmente emessa dal Sole, sebbene in modo trascurabile, e indicano che il nostro astro attraversa periodi di maggiore o minore attività con un ciclo undecennale. Sulla fotosfera si osservano piccole regioni più scure del fondo circostante, che appaiono isolate o a gruppi, e la cui frequenza raggiunge un massimo ogni 11 anni circa: sono le macchie solari, osservate per la prima volta da Galileo nel 1610, col suo cannocchiale (fig. 18). In realtà, grosse macchie, che appaiono assai raramente, sono visibili anche ad occhio nudo, ed erano state viste più volte in passato, ma senza capire cosa fossero. Qualcuno pensò ad uccelli che passavano davanti al Sole, altri al passaggio di Mercurio o di Venere, ma solo Galileo capì che risiedevano invece sulla superficie del Sole, e dal loro cammino apparente da un bordo all'altro del disco solare, capì che il Sole ruotava attorno ad un asse inclinato di circa 7 gradi sull'eclittica, con un periodo di 25 giorni e mezzo. Oggi sappiamo che le macchie sono regioni di un migliaio di gradi più fredde della fotosfera circostante, e perciò ci appaiono scure per contrasto. In esse vi sono campi magnetici che vanno da qualche centinaio a qualche migliaio di gauss, cioè molto più forti del campo generale del Sole che non arriva a un gauss.

Oltre alle macchie, la fotosfera presenta una superficie coperta di minuscole macchioline più chiare e più scure (la cosiddetta *granulazione*). Le macchioline più chiare rappresentano la sommità di correnti ascendenti più calde e quelle scure di correnti discendenti più fredde, il che sta a indicare che sotto la fotosfera il gas si comporta come una pentola d'acqua che bolle, dove agiscono correnti convettive ascendenti e discendenti, con differenze di temperatura di qualche centinaio di gradi.

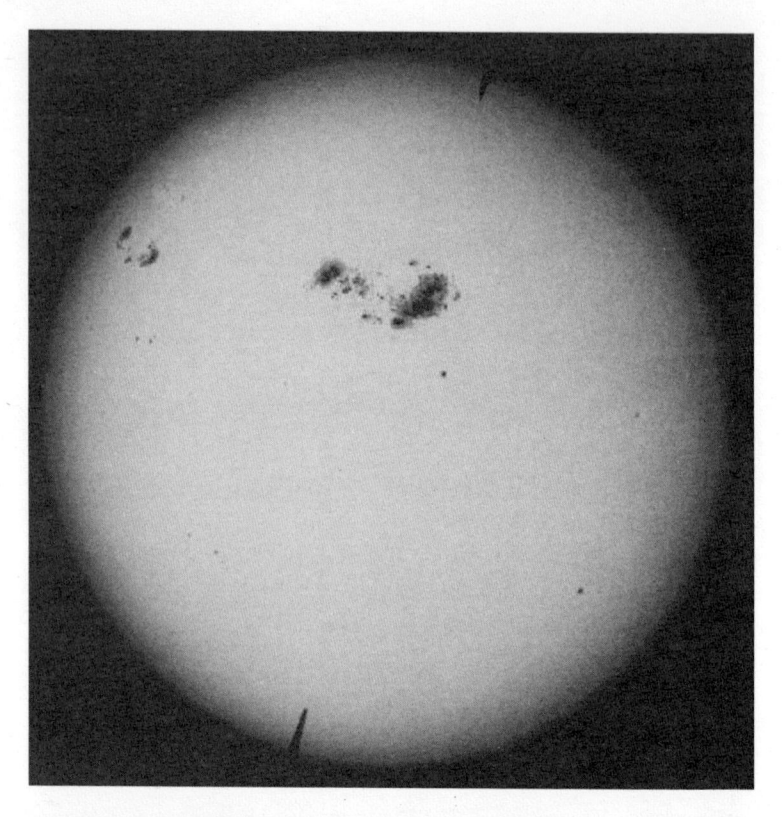

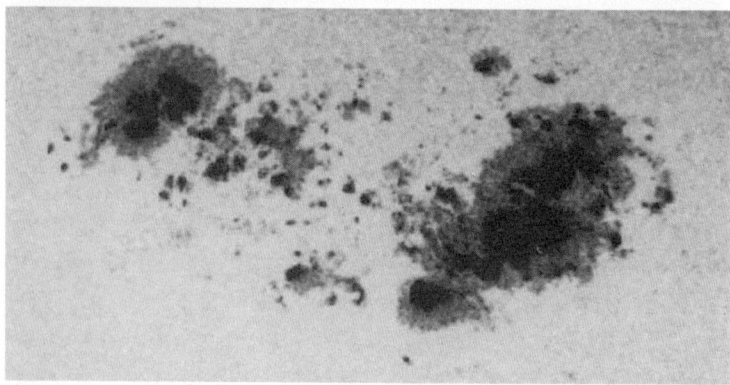

Figura 18. In alto, immagine del disco solare: sono presenti due grossi gruppi di macchie. In basso, dettaglio del gruppo di macchie più grosso: è evidente la parte più scura al centro di ciascuna macchia (l'ombra) e la parte meno scura che circonda l'ombra (la penombra).

Anche la cromosfera presenta fenomeni di attività correlati al ciclo delle macchie: si tratta di getti di gas che hanno temperature e densità simili a quelle cromosferiche, che possono estendersi anche fino ad un raggio solare; possono essere quiescenti e restare inalterati anche per qualche rotazione solare, oppure possono essere eruttivi, cambiare rapidamente forma e sparire nel giro di ore. Si chiamano *protuberanze* (tav. IV).

La corona presenta anch'essa fenomeni legati al ciclo della macchie. Al massimo di attività ha una forma quasi perfettamente circolare, mentre al minimo si estende lungo l'equatore ed è appena visibile ai poli. I getti coronali seguono le linee di forza del campo magnetico, e le variazioni di forma della corona rispecchiano le variazioni della distribuzione del campo magnetico nell'arco del ciclo solare.

Il Sole, o meglio la cromosfera e soprattutto la corona sono anche sorgenti di emissioni radio, oltre che di raggi X, e, in periodi di grande attività, di raggi gamma.

I PIANETI

3. Pianeti terrestri e pianeti giganti

Mercurio, Venere, Terra e Marte sono detti pianeti terrestri perché hanno densità e dimensioni paragonabili a quelle della Terra, mentre Giove, Saturno, Urano e Nettuno sono detti pianeti giganti, caratterizzati da densità vicine o di poco superiori a quelle dell'acqua. Infine, ultimo in ordine di distanza dal Sole, troviamo Plutone, caratterizzato da una massa di appena 2 millesimi di quella terrestre e da un'orbita assai ellittica e inclinata sul piano dell'eclittica. Secondo alcuni, non sarebbe stato originariamente un pianeta ma un satellite di Nettuno, strappato al suo pianeta dalle perturbazioni dovute agli altri pianeti maggiori.

Tutti i pianeti, con l'eccezione dei due estremi, Mercurio e Plutone, hanno orbite quasi circolari e pochissimo inclinate sul piano dell'orbita terrestre (l'eclittica).

4. Mercurio

Mercurio (tav. V) è il pianeta più vicino al Sole e anche il più piccolo, a parte Plutone. La sua densità media di 5,43 g per cm cubo è quasi eguale a quella terrestre. La sua superficie butterata da crateri è molto simile a quella della Luna, e come la Luna non ha atmosfera. A causa della mancanza di questa, e quindi in assenza dell'effetto serra, la temperatura varia da 430 gradi centigradi sulla parte esposta al Sole, a –185 sulla parte in ombra.

È difficilmente osservabile a occhio nudo perché, a causa della sua vicinanza al Sole, è immerso nella luce dell'alba o del crepuscolo. Solo grazie alle sonde spaziali si sono potute ottenere immagini dettagliate della sua superficie.

MERCURIO

DATI FISICI:
massa: $3{,}303 \times 10^{26}$ grammi, pari a 0,0553 massa Terra
raggio equatoriale: 2439 km, pari a 0,382 raggio Terra
densità media: 5,43 g per cm cubo (densità acqua 1 g per cm cubo)
periodo di rotazione: 58 giorni 15 ore 36 minuti
inclinazione dell'equatore sul piano orbitale: 2 gradi

DATI ORBITALI:
distanza media dal Sole: 57,91 milioni di km, pari a 0,39 U.A. (unità astronomica = distanza media Terra-Sole)
periodo di rivoluzione: 87,969 giorni
eccentricità dell'orbita: 0,2056
inclinazione sull'eclittica: 7,004 gradi

5. Venere

Venere (tav. VI) è molto simile alla Terra per massa e dimensioni, ma a differenza della Terra ha un'atmosfera composta quasi completamente di anidride carbonica, così densa e opaca che solo grazie alle sonde è stato possibile costruire una mappa del suolo, utilizzando come scandagli gli eco radar. Questa densa atmosfera produce un forte effetto serra che immagazzina il calore solare, tanto che la temperatura al suolo raggiunge quasi 500 gradi centigradi, mentre a 100 km di altezza la temperatura atmosferica è di –90 gradi centigradi. Al contrario di tutti gli altri pianeti, che ruotano da Ovest a Est, nello stesso senso del moto orbitale, Venere – insieme con Urano – ha un movimento di rotazione in senso inverso, ruota cioè da Est a Ovest.

Venere è l'astro più brillante del cielo, ed è osservabile prima dell'alba o dopo il tramonto.

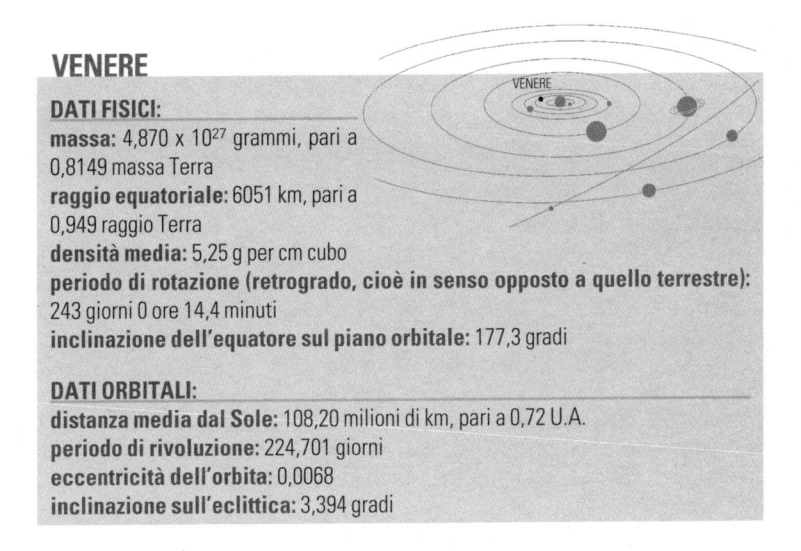

VENERE

DATI FISICI:
massa: $4,870 \times 10^{27}$ grammi, pari a 0,8149 massa Terra
raggio equatoriale: 6051 km, pari a 0,949 raggio Terra
densità media: 5,25 g per cm cubo
periodo di rotazione (retrogrado, cioè in senso opposto a quello terrestre): 243 giorni 0 ore 14,4 minuti
inclinazione dell'equatore sul piano orbitale: 177,3 gradi

DATI ORBITALI:
distanza media dal Sole: 108,20 milioni di km, pari a 0,72 U.A.
periodo di rivoluzione: 224,701 giorni
eccentricità dell'orbita: 0,0068
inclinazione sull'eclittica: 3,394 gradi

6. Terra

Tra i pianeti terrestri la Terra (tav. VII) ha varie caratteristiche importanti che hanno permesso lo sviluppo della vita: una massa abbastanza grande da poter trattenere stabilmente un'atmosfera (se il corpo è troppo piccolo e la temperatura molto grande, come nel caso di Mercurio, la velocità d'agitazione termica dei gas supera la velocità di fuga e il gas pian piano si disperde nello spazio interplanetario). Venere ha una massa di dimensioni quasi uguali a quella della Terra, ma un'atmosfera molto più densa e opaca, che immagazzina il calore solare così efficacemente che la temperatura al suolo raggiunge i 500 gradi centigradi circa.

La Terra ha valori di temperatura, massa e condizioni tali per cui la sua atmosfera esercita un effetto serra che mantiene la temperatura quasi costante fra il giorno e la notte, e senza sbalzi estremi alle varie latitudini – come invece succede sulla Luna e su Mercurio. Su Marte, che ha un'atmosfera molto rarefatta, si realizza un tenue effetto serra, per cui la temperatura all'equatore passa, d'estate, da −80 di notte a +10 di giorno, con sbalzi molto più forti che sulla Terra, ma molto minori che sulla Luna e Mercurio.

Si ritiene che l'atmosfera terrestre fosse originariamente molto ricca di anidride carbonica, come quella di Marte e di Venere, e che poi processi di fotosintesi l'abbiano via via arric-

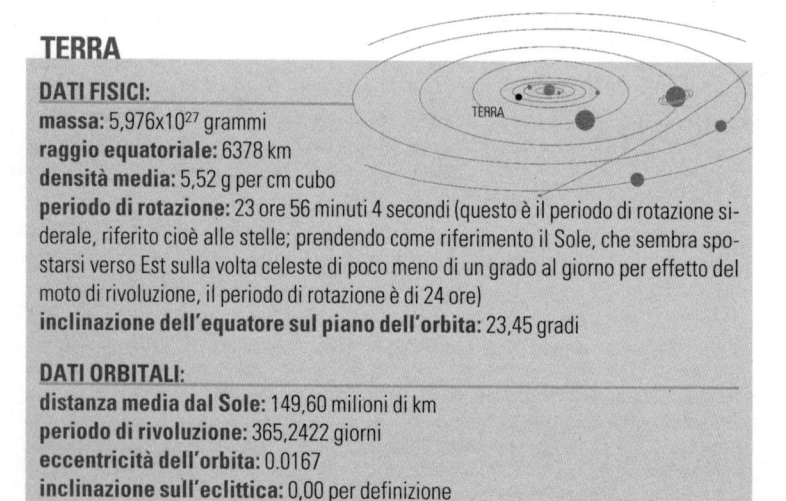

TERRA

DATI FISICI:
massa: $5,976 \times 10^{27}$ grammi
raggio equatoriale: 6378 km
densità media: 5,52 g per cm cubo
periodo di rotazione: 23 ore 56 minuti 4 secondi (questo è il periodo di rotazione siderale, riferito cioè alle stelle; prendendo come riferimento il Sole, che sembra spostarsi verso Est sulla volta celeste di poco meno di un grado al giorno per effetto del moto di rivoluzione, il periodo di rotazione è di 24 ore)
inclinazione dell'equatore sul piano dell'orbita: 23,45 gradi

DATI ORBITALI:
distanza media dal Sole: 149,60 milioni di km
periodo di rivoluzione: 365,2422 giorni
eccentricità dell'orbita: 0.0167
inclinazione sull'eclittica: 0,00 per definizione

chita d'ossigeno rendendola respirabile per tutti noi. L'atmosfera si può dividere nella *troposfera*, che va dal livello del mare fino a circa 10.000 metri – l'altezza dell'Himalaya; nella *stratosfera*, da circa 10 km a 50-100 km, importante perché a circa 30 km d'altezza si trova lo strato d'ozono, cioè una modalità instabile di esistenza dell'ossigeno con una molecola formata da tre atomi anziché da due (che è la condizione in cui l'ossigeno si trova normalmente in natura). L'ozono si forma perché la radiazione ultravioletta solare penetra liberamente fino a quell'altezza e ionizza la molecola d'ossigeno, cioè divide la molecola nei due atomi d'ossigeno, creando un miscuglio di atomi e di molecole di ossigeno. Queste si combinano con gli atomi libe-

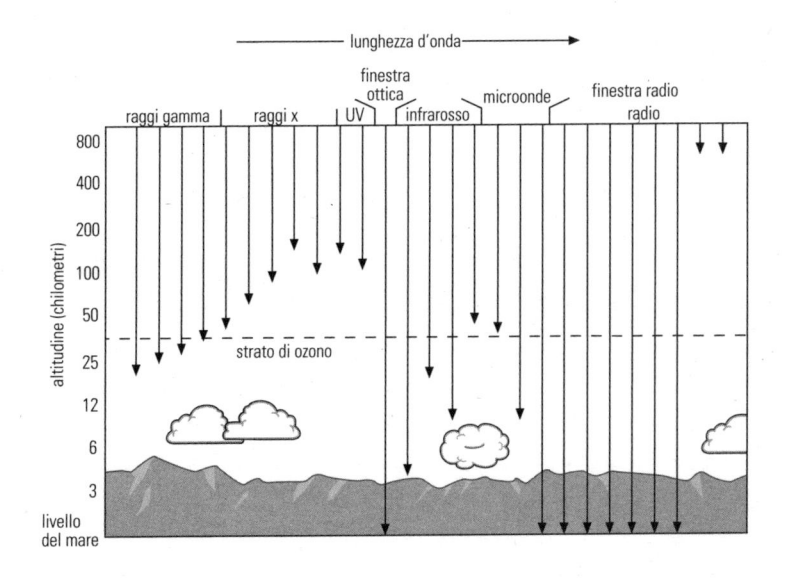

Figura 19. L'atmosfera terrestre. La troposfera si estende dal livello del mare fino a circa 10 km, la stratosfera da 10 km a circa 100 km, con lo strato di ozono a circa 30 km. Sopra i 50-100 km si estende la ionosfera. L'atmosfera è trasparente a lunghezze d'onda comprese fra circa 1 cm e 10 m (finestra radio) e a lunghezze d'onda comprese fra 0,3 micron (ultravioletto) e 1 micron (infrarosso) (finestra ottica). Tutte le altre radiazioni sono completamente assorbite dai vari strati atmosferici. Solo i raggi X e gamma penetrano fino a un'altezza di circa 25 km e possono essere osservati da palloni stratosferici; così pure l'infrarosso, che in certe ristrette bande può essere studiato anche da aerei ad altezze fra i 12 e i 15 km. Nella figura, le frecce indicano fino a quale altezza penetrano le radiazioni alle varie lunghezze d'onda (basato su J. Gribbin, *Enciclopedia dell'astronomia e della cosmologia*, Garzanti, Milano 1998, p. 35).

ri dando luogo a una molecola con tre atomi d'ossigeno, l'ozono appunto. Il fatto che la luce solare spenda energia per dissociare la molecola fa sì che questo strato assorba la radiazione ultravioletta solare, un fatto di importanza fondamentale per la vita sulla Terra, perché altrimenti la radiazione ultravioletta distruggerebbe tutti gli esseri viventi (fig. 19).

Le attività umane in questo ultimo secolo hanno prodotto molti guasti al pianeta, e in particolare l'atmosfera è soggetta a due pericolose modificazioni: l'incremento di anidride carbonica e metano nell'atmosfera provoca un aumento dell'opacità dell'atmosfera nell'infrarosso, cioè le radiazioni termiche del Sole rimangono intrappolate in misura superiore a quanto accadesse prima dell'era industriale. Questo comporta un lento ma graduale aumento della temperatura, la quale dal 1860 a oggi è aumentata sulla Terra più di mezzo grado in media. Poiché l'incremento dell'anidride carbonica e del metano nell'atmosfera è andato crescendo dall'inizio del Novecento, anche l'aumento della temperatura media del nostro pianeta tende a crescere tanto da indurci a prevedere che fra mezzo secolo essa potrà salire anche di quattro o cinque gradi. La dilatazione termica degli oceani, cui si aggiungerebbe l'ormai ben accertato progressivo ridursi dei ghiacciai, potrebbe alzare il livello dei mari fino al punto da sommergere qualche città costiera, prima fra tutte Venezia (fig. 20).

L'altro problema, sempre causato dalle attività umane, è legato al fatto che frigoriferi, refrigeratori e condizionatori, nei quali agiscono clorofluorocarburi (CFC) come gas refrigeranti, hanno immesso ed immettono grandi quantità di cloro nell'atmosfera. Poiché il cloro ha una grande affinità con l'ossigeno, i suoi atomi tendono a formare delle molecole di cloro e ossigeno che sottraggono l'ossigeno libero con cui si forma l'ozono. La riduzione dello strato di ozono rende la stratosfera più trasparente alla mortale radiazione ultravioletta. In questi ultimi anni si cerca di sostituire i CFC con gas meno dannosi; tuttavia il cloro resterà nella stratosfera per parecchi decenni, e solo quando comincerà ad esaurirsi potremo sperare che lo strato d'ozono ritorni alle sue condizioni originali.

Oltre la stratosfera incontriamo la *ionosfera*, la parte più esterna dell'atmosfera terrestre, che si estende da una cinquantina di chilometri fino a 3-400 km e sfuma gradualmente nello spazio interplanetario. Si chiama ionosfera perché è formata da molecole di gas ionizzate, che hanno cioè perso alcuni elettroni. Il gas è composto dunque da un miscuglio di molecole ca-

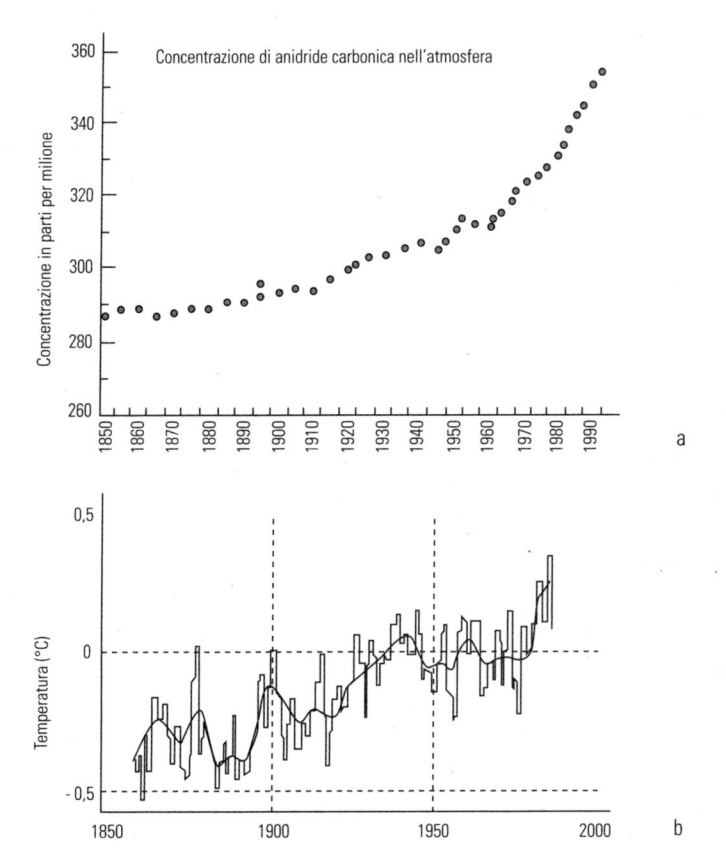

Figura 20. Il grafico a) mostra l'aumento di concentrazione di anidride carbonica nell'atmosfera dal 1850 al 1990, soprattutto a causa dell'accresciuta produzione industriale in tutto il mondo, e il grafico b) mostra l'aumento della temperatura media della Terra nello stesso periodo. Nonostante le fluttuazioni irregolari e stagionali, è evidente la crescita media di circa 0,7 gradi centigradi.

riche positivamente e di elettroni carichi negativamente, uno stato detto «plasma».

A causa di queste condizioni la ionosfera ha la proprietà di riflettere le onde radio aventi una lunghezza d'onda superiore a circa 10 metri. Per questa sua proprietà la ionosfera è stata sfruttata nel passato per le trasmissioni intercontinentali: una stazione radio emittente in Europa non vedeva l'America a causa della curvatura della Terra, ma le onde riflesse dalla ionosfera arrivavano in America e viceversa. Le trasmissioni radio erano molto soggette alle variazioni di attività solare, perché se ci sono delle tempeste magnetiche, o altri fenomeni di attività solare, il grado di ionizzazione della ionosfera cambia e conseguentemente anche la sua capacità riflettente; in alcuni casi le onde, invece di essere riflesse, potevano fuoriuscire liberamente nello spazio interplanetario. Oggi questa funzione è in gran parte svolta dai satelliti per telecomunicazioni.

Le *aurore boreali* sono un fenomeno dovuto all'attività solare, e sono osservabili più frequentemente in vicinanza dei poli. Quando sulla superficie del Sole si verificano tempeste magnetiche e una maggiore emissione di particelle cariche (vento solare), queste ultime vengono in parte intrappolate dal campo magnetico terrestre e penetrano nell'atmosfera in vicinanza dell'asse polare, perché le linee di forza del campo magnetico terrestre all'altezza dei poli sono dirette verso la Terra. Le particelle più energetiche eccitano gli atomi di ossigeno e azoto atmosferici che emettono le loro radiazioni caratteristiche nel rosso e nel verde (ossigeno) e nel verde-blu (azoto), dando luogo appunto al fenomeno delle aurore. Le aurore hanno la parte più bassa ad un'altezza di circa 100 km, e la più alta a circa 300 km. Solo un'attività solare eccezionale permette di vedere le aurore boreali anche a latitudini medie (45-35 gradi sia boreali che australi).

La superficie terrestre è caratterizzata dalla «tettonica a zolle», dove per tettonica si intende la struttura geologica globale del pianeta. Le zolle sono lastroni solidi che costituiscono la crosta terrestre; i continenti sono piattaforme galleggianti su un magma, che si possono scontrare e dare origine ai rilievi orografici e ai terremoti.

A differenza delle superfici di Mercurio e della Luna, completamente coperte da crateri dovuti all'impatto di meteoriti, la Terra presenta pochi segni d'urto, sia perché la maggioranza dei meteoriti brucia nell'atmosfera prima di arrivare al suolo, sia perché anche quelli prodotti dai meteoriti più grossi vengono erosi per l'azione dell'acqua e del vento. Il più noto dei crateri ancora chiaramente visibili è quello dell'Arizona, con un diametro di 1200 metri e una profondità di 170, circondato da un anello alto 50 metri sopra la pianura desertica.

Della crosta terrestre noi conosciamo direttamente solo un sottile straterello. Le miniere più profonde arrivano a 4 km sotto la superficie, e le trivellazioni a scopo scientifico a 13 km, ben poca cosa rispetto ai 6370 km del raggio terrestre. Grazie al modo in cui si propagano le onde sismiche si può dedurre la struttura interna della Terra. Il nucleo solido al centro, con una densità otto volte quella dell'acqua, è costituito da ferro e nichel ed è la causa del campo magnetico terrestre. L'asse del campo magnetico è inclinato di circa 11 gradi rispetto all'asse di rotazione della Terra, quindi il polo Nord e il polo Sud magnetici non coincidono esattamente con i poli geografici.

6.1 I moti

I moti della Terra e della Luna sono stati la base per misurare il tempo fin dall'antichità. Il periodo di rotazione della Terra intorno al proprio asse definisce il giorno, e si conta come l'intervallo fra due passaggi consecutivi del Sole a uno stesso meridiano.

Il periodo di rivoluzione, che definisce l'anno, è il tempo che la Terra impiega a ruotare intorno al Sole, 365,2422 giorni.

Il calendario giuliano (che prende il nome da Giulio Cesare) assumeva un periodo di rivoluzione di 365,25 giorni; quindi con tre anni di 365 giorni e un quarto – detto *bisestile* – di 366 giorni i conti tornavano. Senonché il periodo di rivoluzione è effettivamente un po' più breve, come abbiamo visto; e i 7,8 millesimi di giorno attribuiti in più a ogni anno ebbe come conseguenza che, col passare dei secoli, la data dell'equinozio non coincideva più con l'inizio della primavera – cosa grave perché la società era prevalentemente contadina e la semina e i raccolti si basavano sulla data indicata dal calendario. Nel 1582 l'errore ammontava a 11 giorni e l'equinozio di primavera cadeva l'11 marzo. Per rimediare, papa Gregorio XIII stabilì che nel 1582 si sarebbero saltati 11 giorni, passando dal 4 al 15 ottobre, lasciando invariato il ciclo settimanale – per cui se il 4 ottobre era stato un giovedì, il 15 sarebbe stato un venerdì. Inoltre, per impedire il ripetersi dell'errore, decise che sarebbero stati anni bisestili tutti quelli le cui ultime due cifre sono multiple di quattro, ad eccezione degli anni fine secolo le cui prime due cifre non siano multiple di quattro. Perciò il 1600 e il 2000 sono stati bisestili, mentre il 1700, il 1800 e il 1900 non lo sono stati. Anche così l'anno medio gregoriano è un po' più lungo di quello vero, ma l'errore ammonterà a soli 0,3 giorni fra 1000 anni.

L'altra misura del tempo si basa sulle fasi lunari che definiscono le settimane. Il nostro è un calendario prevalentemente solare perché si basa sul moto della Terra intorno al Sole, ma anche lunisolare, nel senso che tiene conto delle settimane.

L'asse di rotazione terrestre non punta sempre nella stessa direzione: se immaginiamo di prolungarlo all'infinito esso incontra la volta celeste in un punto molto vicino alla stella polare, che perciò indica approssimativamente la posizione del polo Nord. Per effetto delle perturbazioni esercitate dalla Luna e dal Sole sul moto della Terra, quest'ultima si comporta come una trottola, e l'asse polare descrive in 26.000 anni un cerchio intorno all'asse dell'eclittica, che, ricordiamo, è il piano su cui la Terra compie la sua rivoluzione attorno al Sole. Rispetto all'eclittica, l'equatore è inclinato di circa 23 gradi e mezzo; l'attrazione che Sole e Luna esercitano sui rigonfiamenti equatoriali produce una coppia di forze che tenderebbe a portare il piano equatoriale sul piano dell'eclittica. A questa coppia la Terra reagisce ruotando – appunto come una trottola – attorno all'asse perpendicolare all'eclittica. Oggi la stella polare è la stella più brillante dell'Orsa Minore, fra 13.000 anni Vega sarà la nuova stella polare, e 5000 anni fa la polare era la stella più brillante della costellazione del Drago: questo si chiama effetto di *precessione*. L'inclinazione di 5 gradi del piano della Luna rispetto al piano dell'eclittica provoca piccole oscillazioni attorno alla circonferenza descritta dall'asse terrestre, con un periodo di 18 anni e mezzo (fenomeno detto *nutazione*) (fig. 21).

L'attrazione lunisolare sui due rigonfiamenti equatoriali provoca l'innalzamento degli oceani, sia dalla parte più vicina che da quella più lontana. Un effetto di marea si ha anche sulla parte solida, ma è impercettibile, mentre sulle distese liquide è un fenomeno vistoso.

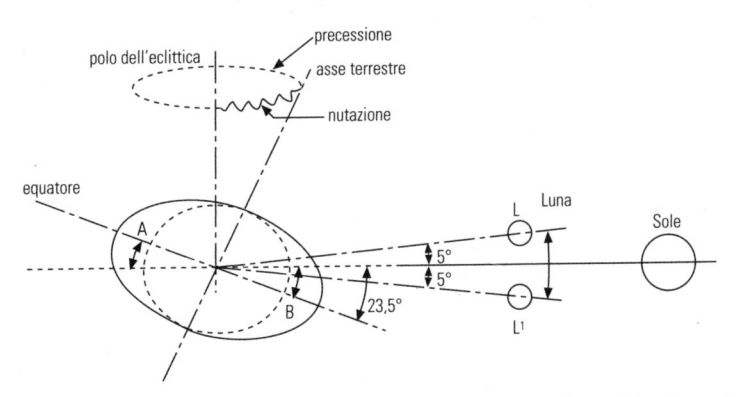

Figura 21. La precessione degli equinozi. L'attrazione della Luna e del Sole sui rigonfiamenti equatoriali della Terra causa la rotazione dell'asse di rotazione terrestre attorno alla perpendicolare al piano dell'eclittica. L'asse terrestre compie un intero giro in circa 26.000 anni. Poiché il piano dell'orbita lunare è inclinato di 5 gradi rispetto al piano dell'eclittica, l'asse terrestre compie delle piccole oscillazioni con periodo di 18,5 anni (fenomeno della nutazione) attorno alla circonferenza di raggio 23,5 gradi.

L'inclinazione di 23,5 gradi dell'equatore sull'eclittica è la causa delle stagioni. Se il piano dell'equatore giacesse sul piano dell'eclittica non ci sarebbero stagioni e alle diverse latitudini si avrebbero le stesse condizioni climatiche tutto l'anno. A causa di questa inclinazione, invece, d'estate nell'emisfero boreale – quello in cui ci troviamo noi – il Sole sorge fra il Nord e l'Est e tramonta fra l'Ovest e il Nord, e rimane sopra l'orizzonte per più di 12 ore; d'inverno il Sole sorge in un punto fra l'Est e il Sud e tramonta in un punto fra l'Ovest e il Sud, e resta sopra l'orizzonte meno di 12 ore. Il contrario avviene nell'emisfero meridionale.

All'equinozio di primavera e di autunno (rispettivamente il 21 marzo e il 22 settembre), il Sole sorge esattamente ad Est e tramonta esattamente ad Ovest, e il giorno e la notte hanno la stessa durata di 12 ore.

7. La Luna, il satellite della Terra

Il nostro satellite (tav. VIII) ha una massa pari a 1/81 di quella terrestre, e confrontato con la Terra è un corpo tutt'altro che trascurabile. Ci sono satelliti di Giove, Saturno e Nettuno con masse eguali o superiori a quelle della Luna, però confrontati col loro pianeta sono molto più insignificanti. Per esempio, il più massiccio dei satelliti di Giove, Europa, ha una massa che è appena 4,7 centomillesimi della massa di Giove. Perciò Terra e Luna costituiscono quasi un pianeta doppio.

A causa della grande vicinanza fra Terra e Luna, l'attrazione gravitazionale della Terra ha esercitato un frenamento della rotazione lunare, tale che il periodo di rotazione e il periodo di rivoluzione attorno alla Terra sono eguali, e di conseguenza noi osserviamo solo e sempre la stessa faccia della Luna. In realtà riusciamo a vedere qualcosa di più a causa del moto di precessione dei poli lunari e dell'ellitticità dell'orbita: in pratica, il 59% della superficie lunare.

La faccia nascosta ci fu rivelata per la prima volta nel 1959 da una sonda russa che circumnavigò la Luna e ne inviò alla Terra l'immagine. Dopo di essa, molte altre sonde hanno ripreso i più minuti dettagli della faccia nascosta e di quella visibile (fig. 22). La faccia nascosta ha un aspetto molto più tormentato di quella a noi familiare, mancano completamente le grandi pianure che Galileo chiamò «mari».

Per la prima volta, il 21 luglio del 1969, esseri umani posero piede sulla Luna: è stato questo uno dei più grandi eventi storico-scientifici del secolo appena passato. La navicella Apollo 11 sganciò il LEM (Lunar Excursion Module), che portò Neil Armstrong e Edwin Aldrin ad atterrare nel Mare della tranquillità, mentre Michael Collins seguitava ad orbitare attorno alla Luna nella capsula madre.

La Luna ruota attorno alla Terra su un piano inclinato di 5 gradi e 11 primi rispetto al piano dell'eclittica, e perciò l'inclinazione – rispetto al piano dell'equatore terrestre – varia fra 18,3 gradi e 28,6 gradi, a seconda che le inclinazioni rispetto all'eclittica si sottraggano o si sommino.

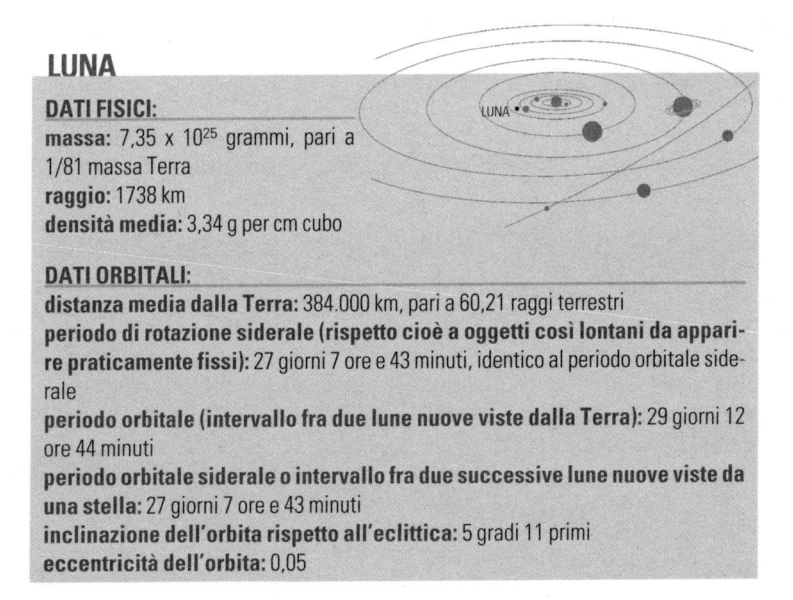

LUNA

DATI FISICI:
massa: $7{,}35 \times 10^{25}$ grammi, pari a 1/81 massa Terra
raggio: 1738 km
densità media: 3,34 g per cm cubo

DATI ORBITALI:
distanza media dalla Terra: 384.000 km, pari a 60,21 raggi terrestri
periodo di rotazione siderale (rispetto cioè a oggetti così lontani da apparire praticamente fissi): 27 giorni 7 ore e 43 minuti, identico al periodo orbitale siderale
periodo orbitale (intervallo fra due lune nuove viste dalla Terra): 29 giorni 12 ore 44 minuti
periodo orbitale siderale o intervallo fra due successive lune nuove viste da una stella: 27 giorni 7 ore e 43 minuti
inclinazione dell'orbita rispetto all'eclittica: 5 gradi 11 primi
eccentricità dell'orbita: 0,05

Le fasi lunari dipendono dalla posizione relativa di Sole, Luna e Terra. Quando la Terra si trova fra il Sole e la Luna, dalla Terra noi vediamo la faccia della Luna a noi esposta tutta illuminata dal Sole, e abbiamo la Luna piena; quando invece è la Luna a trovarsi fra la Terra e il Sole, la faccia a noi esposta è quella non illuminata, e abbiamo la Luna nuova (fig. 23). Il primo quarto, che si ha circa una settimana dopo la Luna nuova, e l'ultimo quarto, una settimana dopo la Luna piena, si verificano quando la Terra è il vertice di un angolo retto, i cui lati passano per il Sole e per la Luna o, in altre parole, quando vediamo Sole e Luna separati da un angolo di 90 gradi (fig. 23).

Poiché la Luna è così vicina a noi, la sua posizione in cielo varia vistosamente da una notte all'altra; grossomodo la vedremo spostarsi verso Est da una notte all'altra di circa 12 gradi. Per stimare un angolo di 12 gradi basta tener presente che, tenendo il braccio teso, vedremo la larghezza della mano dal pollice al mignolo all'incirca sotto un angolo poco più grande, 13 o 14 gradi. In 29 giorni e mezzo essa avrà descritto l'intero giro di 360 gradi. La falcetta di Luna crescente si può vedere la sera, illuminata dal Sole appena tramontato; mentre l'ultima falcetta di Luna calante si osserva all'alba prima del sorgere del Sole. Un proverbio popolare riassume queste osservazioni: «gobba a ponente Luna crescente, gobba a levante Luna calante».

La Luna, al pari di Mercurio, non ha atmosfera; la sua massa è troppo piccola per trattenerla stabilmente. Proprio la mancanza di atmosfera spiega la presenza di tanti crateri, in gran parte dovuti all'impatto di meteoriti. Sulla Terra l'atmosfera impedisce la caduta al suolo della maggior parte dei meteoriti, che bruciano nell'atmosfera, e inoltre, come abbiamo visto, le tracce lasciate dai meteoriti più grossi vengono lentamente cancellate dalla erosione dei venti e delle acque, nel corso di millenni. Sulla Luna e su Mercurio, invece, queste ferite restano immutate in assenza di erosione.

La mancanza di atmosfera comporta la mancanza di acqua, che evaporerebbe istantaneamente sfuggendo negli spazi interplanetari. Tuttavia, due recenti sonde che hanno studiato la superficie della Luna inviando eco radar hanno rilevato che la riflessione delle onde radio da un profondo cratere vicino ad uno dei poli è in tutto simile a quella che ci si aspetterebbe da uno strato ghiacciato. Di qui la supposizione che in profondi anfratti, dove la luce del Sole non arriva mai, possa essere rimasta dell'acqua ghiacciata, ed anche in considerevole quantità. Se confermata, questa scoperta potrebbe essere molto utile per le future colonie lunari, anche se il problema di estrarre ed utilizzare quest'acqua è assai complicato.

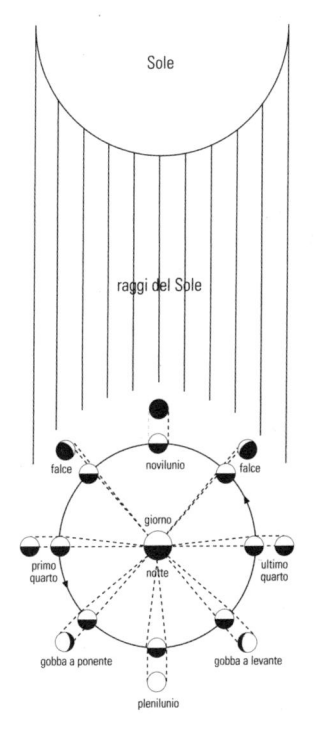

Figura 23. Le fasi lunari. Sul circolo sono riportate le condizioni di illuminazione della Luna: l'emisfero rivolto verso il Sole è illuminato e l'altro è in ombra. All'esterno è riportata l'illuminazione della Luna come la vediamo dalla Terra.

Figura 22. (*in basso*) Panorama lunare ripreso da astronauti dell'Apollo 17.

La densità della Luna è simile a quella degli strati più alti della crosta terrestre, e indica la presenza di silicati, grafite e relativamente pochi metalli pesanti. I numerosi sassi lunari, portati a terra dagli astronauti delle varie missioni Apollo, hanno consentito uno studio accurato della composizione chimica della superficie del nostro satellite.

Le perturbazioni subite dalle sonde orbitanti attorno alla Luna hanno anche messo in evidenza la presenza di «mascon», cioè di regioni in cui la densità è più alta, come delle concentrazioni di materia, che con la loro maggiore gravità perturbano il moto delle sonde. Questi mascon possono essere riserve di metalli pesanti.

La Luna ha sempre affascinato l'umanità, e su di essa sono nate leggende e superstizioni, molte delle quali persistono ancora oggi, anche se non c'è alcuna riprova scientifica che ne certifichi l'attendibilità. È credenza diffusa, su cui quasi tutti gli agricoltori sono disposti a mettere la mano sul fuoco, che la crescita delle piante o l'imbottigliamento del vino siano influenzati dalle fasi lunari; è pure diffusa l'idea che tagliando le unghie o i capelli a Luna crescente questi ricrescano più rapidamente. Sebbene, ripeto, si tratti di credenze senza alcun riscontro scientifico, esse persistono tenacemente.

8. Eclissi solari e lunari

Si ha un'eclisse di Sole quando la Luna si frappone fra il Sole e la Terra (fig. 24). Questo può avvenire, evidentemente, solo alla fase di Luna nuova.

Si ha invece un'eclisse di Luna quando la Terra si trova fra il Sole e la Luna. In questo caso, la Luna non è coperta alla nostra vista, come avviene per il Sole durante le eclissi, ma accade semplicemente che il nostro satellite viene a trovarsi nel cono d'ombra della Terra, ed è debolmente illuminato dalla luce

2. Il Sole e il sistema solare   79

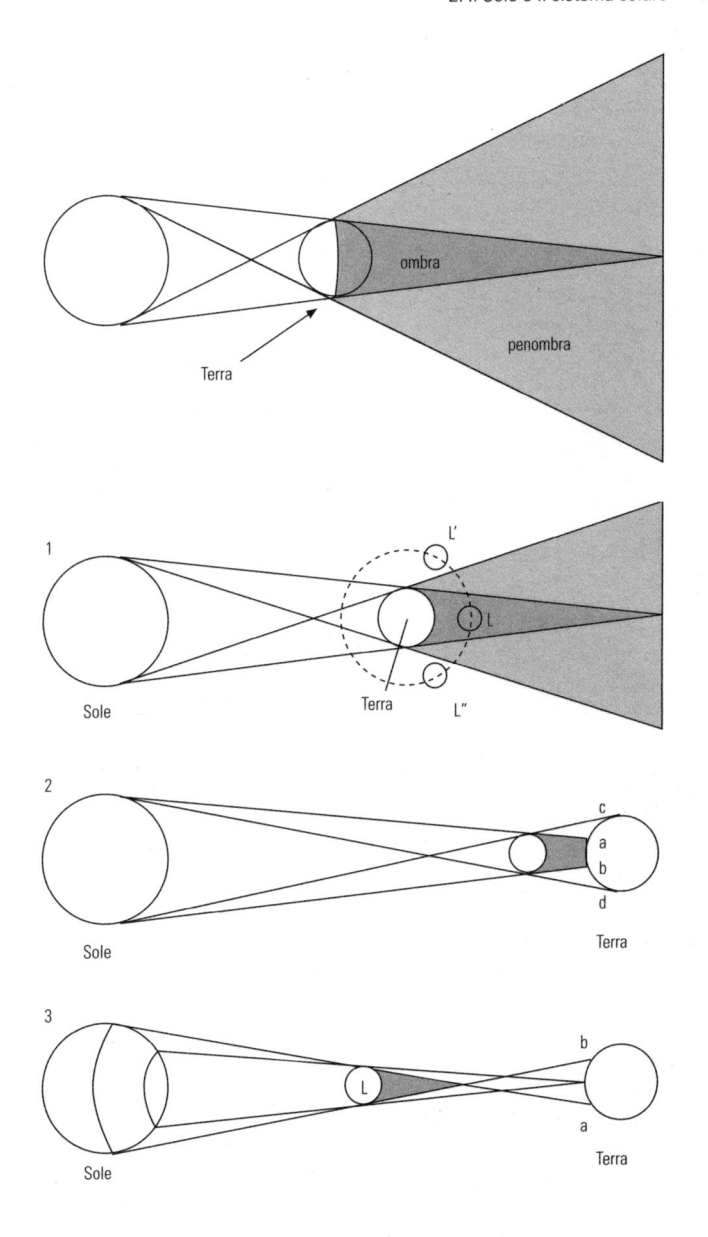

Figura 24. Condizione perché si verifichi un'eclisse di Luna (1), di Sole totale e parziale (2), anulare (3) (basato su J. Gribbin, *Enciclopedia dell'astronomia e della cosmologia*, Garzanti, Milano 1998, p. 133).

solare diffusa dall'atmosfera terrestre. Le eclissi di Luna possono verificarsi solo alla fase di Luna piena.

Per un caso fortuito noi vediamo Sole e Luna sotto lo stesso angolo di circa mezzo grado. Ciò significa che il rapporto «raggio diviso distanza dalla Terra» è quasi eguale nei due casi. In altre parole, il Sole ha un raggio circa 400 volte quello della Luna, ma si trova anche ad una distanza 400 volte più grande. Se la Luna si muovesse esattamente sul piano dell'eclittica, avremmo un'eclisse di Sole a ogni Luna nuova e un'eclisse di Luna a ogni Luna piena. Ma poiché la Luna si muove su un'orbita inclinata di circa 5 gradi rispetto al piano dell'eclittica, le eclissi possono verificarsi solo quando è Luna nuova o Luna piena nel momento in cui la Luna si trova molto prossima a uno dei due nodi, cioè dei due punti in cui l'orbita della Luna incrocia quella della Terra. Solo allora avremo un perfetto allineamento dei tre corpi. La durata delle eclissi dipende sia dalla maggiore o minore prossimità della Luna a uno dei due nodi, sia dalla distanza Terra-Sole e Terra-Luna, che varia leggermente poiché le orbite della Terra e del suo satellite non sono circolari, ma leggermente ellittiche. Se, ad esempio, la Luna si trova esattamente in uno dei nodi quando è nuova, e si trova anche alla minima distanza dalla Terra (*perigeo*), e la Terra invece si trova alla massima distanza dal Sole (*afelio*), avremo un'eclisse solare della massima durata, circa 7 minuti, perché la Luna avrà un diametro angolare massimo e il Sole un diametro angolare minimo. Nel caso opposto – Luna all'apogeo e Terra al perielio – avremo un'eclisse anulare, perché il disco della Luna non copre completamente il disco solare. Avremo eclissi parziali quando la distanza della Luna dai nodi è abbastanza grande.

Mentre un'eclisse di Sole è visibile solo da una ristretta fascia del nostro globo, un'eclisse di Luna è visibile da tutti i luoghi in cui la Luna è presente in cielo.

9. Marte

Marte (tav. IX) è l'ultimo dei pianeti terrestri. Ha una tenue atmosfera, composta prevalentemente di anidride carbonica. Per fare un confronto, la pressione al suolo è di soli 6,5 millesimi di quella terrestre, mentre la pressione al suolo di Venere è 95 volte quella terrestre. È grazie a questa atmosfera che le oscillazioni della temperatura, fra il giorno e la notte, non sono così estreme come su Mercurio o sulla Luna, anche se molto maggiori che sulla Terra. Per alcuni aspetti Marte è molto simile alla Terra: ha quasi lo stesso periodo di rotazione, e quindi la stessa durata del giorno, ha un'inclinazione dell'equatore sul piano dell'orbita quasi eguale a quella terrestre, il che significa che su Marte si hanno le stagioni come sulla Terra, anche se di durata quasi doppia perché quasi doppia è la durata dell'anno marziano.

Le numerose sonde che hanno esplorato Marte dallo spazio, e le due sonde Viking e l'ultima Pathfinder che sono atterrate sulla superficie del pianeta, ci hanno permesso di ricostruirne una mappa dettagliata. Possiamo così dedurre che in passato su Marte ci doveva essere abbondanza d'acqua: lo sug-

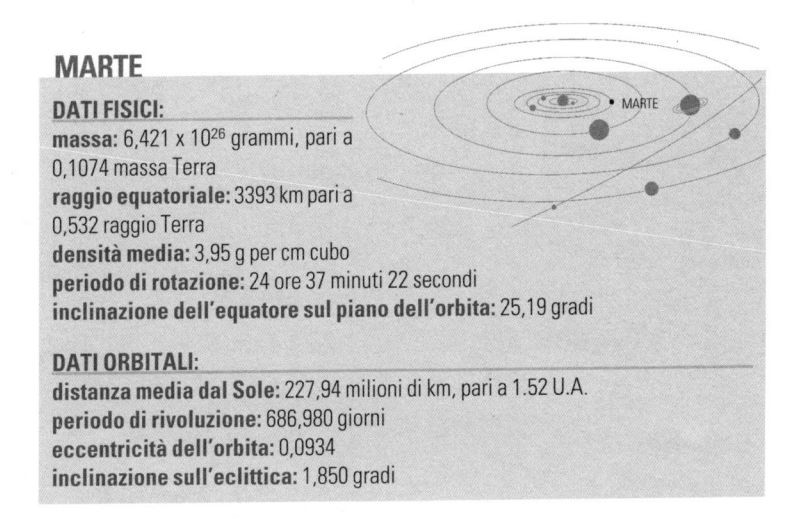

MARTE

DATI FISICI:
massa: 6,421 x 10^{26} grammi, pari a 0,1074 massa Terra
raggio equatoriale: 3393 km pari a 0,532 raggio Terra
densità media: 3,95 g per cm cubo
periodo di rotazione: 24 ore 37 minuti 22 secondi
inclinazione dell'equatore sul piano dell'orbita: 25,19 gradi

DATI ORBITALI:
distanza media dal Sole: 227,94 milioni di km, pari a 1.52 U.A.
periodo di rivoluzione: 686,980 giorni
eccentricità dell'orbita: 0,0934
inclinazione sull'eclittica: 1,850 gradi

geriscono i letti di grandi fiumi e i bacini di laghi ormai disseccati. Inoltre, ai poli c'è sia ghiaccio di anidride carbonica (detto anche popolarmente ghiaccio secco), sia ghiaccio d'acqua, e non si può escludere che sotto terra ci sia anche dell'acqua liquida e forse dei semplici organismi viventi, come batteri o spore, e che comunque ci possano essere stati in passato. Sembra sia presente anche dell'acqua fangosa, in fondo a una profonda valle, un vero e proprio canyon noto come Valle Marineris.

Una delle particolarità più notevoli della superficie marziana è il grande vulcano Olympus, quasi circolare, con un diametro di 600 km e un'altezza di 27 km, davvero rilevante se confrontato con l'Everest, la montagna più alta sulla Terra di quasi 10 km d'altezza, mentre il raggio terrestre, di 6378 km, è quasi il doppio di quello di Marte. Su Marte ci sono numerosi crateri, o prodotti dalla caduta di meteoriti o di origine vulcanica, insieme ad ampie distese di lava.

È prevista, nei prossimi anni, una missione umana su Marte, che forse potrà dare una risposta definitiva all'interrogativo circa l'esistenza o meno di forme di vita elementari, sia fossili che viventi. Da questo punto di vista, Marte è il pianeta più interessante del sistema solare.

Va ricordato che Marte ha sempre acceso la fantasia dei terrestri. Sul finire dell'Ottocento, un astronomo italiano, Giovanni Schiaparelli, osservò Marte – nel 1877, quando si trovava alla distanza minima dalla Terra – e notò delle striature caratteristiche che battezzò «canali». Questo termine dette adito a varie ipotesi, fra cui quella che si trattasse di una rete di canali costruita da una popolazione tecnologicamente avanzata, per distribuire la scarsa acqua marziana dai poli a tutto il pianeta. Fantasie del genere si sono ripetute più recentemente, quando molti si ostinavano a voler riconoscere, in alcune configurazioni visibili sulle immagini prese dalle sonde, la figura di una sfinge. Il vedere immagini di uomini o di animali in macchie informi quali le macchie d'umido sui muri, o le mutevoli configurazioni delle nuvole, è un fenomeno ottico e psicologico ben noto. Comunque, le dettagliate immagini delle sonde e del Pathfinder hanno tolto ogni illusione. La superficie di Marte è un desolato deserto di sassi e sabbia, modellato nel corso dei millenni dai venti e dalle tempeste di sabbia, quella sabbia rossastra che ha dato a Marte il soprannome di «pianeta rosso». Quella stessa sabbia mostrerà agli astronauti un cielo rosa, invece del nostro familiare cielo azzurro.

Marte è accompagnato nella sua orbita attorno al Sole da due minuscoli satelliti: Phobos e Deimos, di forma simile a due grosse patate, di dimensioni 20 x 23 x 28 km (Phobos) e 10 x 12 x 16 km (Deimos). Phobos ruota attorno a Marte in 7 ore 39 minuti su un'orbita di 9720 km di raggio, Deimos ha un periodo di rivoluzione di 30 ore 17 minuti e un'orbita di 23.400 km di raggio.

10. La fascia degli asteroidi

Fra Marte e Giove la regola empirica di Titius-Bode (vedi p. 24) richiedeva la presenza di un pianeta. Ricordo che il 1° gennaio del 1801 Giuseppe Piazzi scoprì un piccolo pianeta, proprio alla distanza predetta di 2,8 unità astronomiche (1 unità astronomica = distanza Terra-Sole), che battezzò Cerere. Fu il primo di una numerosissima famiglia di piccoli corpi che costituisce la fascia degli asteroidi, o pianetini (fig. 25). Dopo Cerere, furono scoperti Pallade nel 1802, Giunone nel 1804 e Vesta nel 1807. Oggi si conoscono parecchie migliaia di pianetini, per lo più concentrati a distanze comprese fra 1,7 e 4,0 Unità Astronomiche, ma per poco più di 6000 si conoscono bene le orbite. Molti di essi hanno orbite ellittiche, con forti inclinazioni rispetto al piano dell'eclittica. Sono corpi rocciosi, composti soprattutto di silicati, di forma irregolare; le sonde, che hanno potuto osservarli da vicino, hanno mostrato le loro superfici butterate da crateri, come le superfici di Mercurio e della Luna.

Il più grande, Cerere, ha un diametro di 933 km, ma la maggior parte presenta diametri molto più piccoli, fra 1 km e

Figura 25. Il pianetino Eros (*sopra*) e il pianetino Ida col suo piccolo satellite (*sotto*), osservati dalla sonda Galileo.

un centinaio di metri. Si stima ce ne siano almeno 40.000 con diametri superiori a 1 km. Molti hanno diametri ancora minori e sono difficilmente osservabili. Alcuni hanno orbite fortemente ellittiche, e al perielio si portano all'interno dell'orbita di Marte o anche della Terra; hanno anche forti inclinazioni sull'eclittica.

Una volta si pensava che la fascia degli asteroidi fosse stata causata da un pianeta che si sarebbe sbriciolato in seguito alle opposte attrazioni gravitazionali di Giove e del Sole. Oggi sembra più probabile che gli asteroidi siano ciò che è rimasto del materiale della nebulosa protoplanetaria, da cui si sono formati i pianeti, e che non si è potuto addensare a formare un pianeta, sempre a causa dell'attrazione gravitazionale di Giove e del Sole.

Un secondo gruppo di pianetini, chiamati anche NEO (Near Earth Objects, o Oggetti vicini alla Terra), si muove su orbite interne a quella di Marte, e molti su orbite di raggio prossimo ad una unità astronomica. Essi hanno tutti forti inclinazioni sul piano dell'eclittica, per cui, pur essendo circa alla stessa distanza della Terra dal Sole, nel momento in cui le due orbite si incrociano, l'asteroide si trova generalmente molto sopra o molto sotto il piano dell'eclittica. Quindi la probabilità di uno scontro è molto piccola, sebbene non nulla. Gruppi di ricercatori tengono questi oggetti sotto controllo costante, in parte per scoprirne di nuovi, in parte per determinarne le orbite e avvistare per tempo oggetti che potrebbero entrare in collisione con la Terra. Per casi del genere, si pensa che le tecnologie sviluppate durante la guerra fredda per le cosiddette «guerre stellari» potrebbero costituire un'efficace difesa dal pericolo asteroidi, per esempio sparando razzi verso di essi e costringendoli a cambiare orbita. Potrebbe invece essere pericoloso distruggerli con piccole cariche nucleari, perché frammenti abbastanza grossi da provocare ingenti danni potrebbero ricadere sulla Terra.

Si suppone che la scomparsa dei dinosauri, avvenuta circa 65 milioni di anni fa, possa essere stata causata dall'impatto con un asteroide. Le polveri sollevate dall'urto avrebbero oscurato il Sole per molti secoli, provocando ere glaciali che avrebbero portato all'estinzione quasi tutte le specie animali e vegetali.

Scontri simili, ma con corpi più piccoli, avrebbero prodotto il cratere dell'Arizona (cui abbiamo accennato in precedenza, vedi p. 71) e l'esplosione che nel 1908 devastò la foresta siberiana di Tunguska.

11. Giove e i suoi satelliti (e l'anello)

Giove (tav. X) è il più grande pianeta del sistema solare; ha una massa 318 volte quella della Terra e un diametro 11 volte più grande. Esso rappresenta il 71% della massa del sistema solare, naturalmente Sole escluso. Tutti i pianeti, insieme, ammontano a poco più di un millesimo della massa del Sole. Proprio a causa della sua grande massa e della bassa temperatura, Giove trattiene nella sua atmosfera quasi tutto l'idrogeno e l'elio, cosicché la sua composizione chimica è eguale a quella del Sole, mentre i pianeti terrestri hanno perso tutti o quasi gli elementi più leggeri.

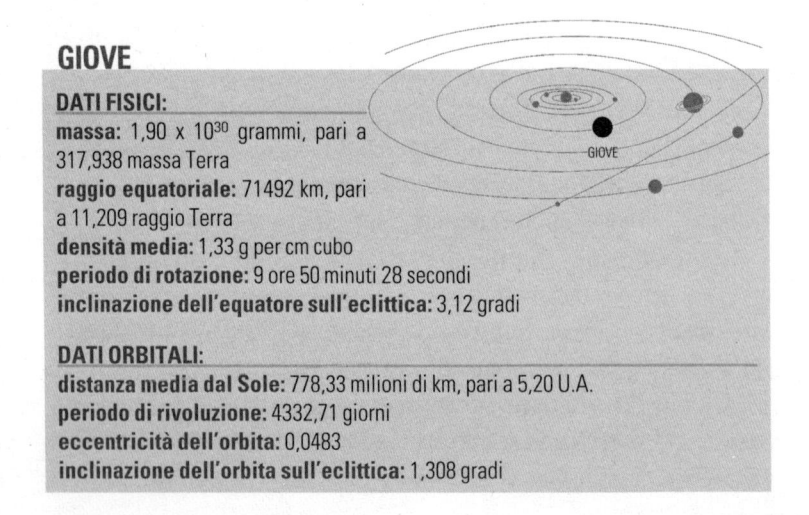

GIOVE

DATI FISICI:
massa: $1,90 \times 10^{30}$ grammi, pari a 317,938 massa Terra
raggio equatoriale: 71492 km, pari a 11,209 raggio Terra
densità media: 1,33 g per cm cubo
periodo di rotazione: 9 ore 50 minuti 28 secondi
inclinazione dell'equatore sull'eclittica: 3,12 gradi

DATI ORBITALI:
distanza media dal Sole: 778,33 milioni di km, pari a 5,20 U.A.
periodo di rivoluzione: 4332,71 giorni
eccentricità dell'orbita: 0,0483
inclinazione dell'orbita sull'eclittica: 1,308 gradi

Il periodo di rotazione di Giove è il più breve di tutti i pianeti, e poiché Giove è quasi completamente gassoso, lo schiacciamento ai poli è evidente e osservabile anche con un modesto telescopio. Sempre con un modesto strumento è possibile rimirare la Grande Macchia Rossa e le fasce chiare e scure parallele all'equatore. Queste ultime sono fasce di nubi di diverso colore, le più scure costituite da gas freddi discendenti, quelle chiare da gas più caldi ascendenti. La macchia rossa rappresenta la sommità di una gigantesca perturbazione ciclonica, che dura da almeno tre secoli.

L'atmosfera di Giove è costituita per l'88% da idrogeno molecolare, per l'11% da elio e per il rimanente 1% da metano, acqua, ammoniaca e anidride carbonica.

Giove irraggia una quantità di energia circa 2,5 volte maggiore di quella che riceve dal Sole. Ciò significa che ha una sua propria fonte d'energia, dovuta alla temperatura centrale di poco superiore ai 30.000 gradi. Sotto l'atmosfera di Giove troveremo un oceano di idrogeno liquido molecolare, mentre al centro di Giove avremo un nucleo solido di silicati di ferro, circondato da idrogeno che si trova in una condizione detta di «idrogeno liquido metallico», un miscuglio di protoni ed elettroni, causata dalla tremenda pressione di 3 milioni di atmosfere.

Nello strato di idrogeno liquido metallico, gli elettroni si muovono liberamente, come avviene appunto nei metalli, e danno luogo a correnti elettriche che, insieme alla rapida rotazione di Giove, generano un forte campo magnetico, come una dinamo naturale. La presenza del campo magnetico spiega il fatto che Giove è anche una sorgente di onde radio.

Solo in questi ultimi decenni si è scoperto che gli anelli non sono una caratteristica unica di Saturno: tutti i quattro pianeti giganti – Giove, Saturno, Urano e Nettuno – ne sono forniti, anche se quelli di Saturno restano i più ricchi e vistosi.

Gli anelli gioviani sono stati scoperti grazie alle sonde Voyager: il più esterno si trova a 55.000 km sopra le nubi di Giove, è il più luminoso ed è largo 800 km. Un secondo anello è largo 6000 km. Infine il terzo e più debole lambisce l'atmosfera del pianeta.

Oltre agli anelli, Giove possiede una coorte di satelliti, almeno 17, ma le sonde, ultima fra queste la sonda Galileo, potrebbero scoprirne qualcun altro. I più grandi e famosi sono i quattro scoperti da Galileo: Io (tav. XI), Europa, Ganimede e Callisto. Io è l'unico corpo del sistema solare, oltre alla Terra, su cui ci siano vulcani attivi, le sonde ne hanno osservato le eruzioni. Europa e Callisto hanno superfici solcate da linee frastagliate, il cui aspetto somiglia a quello dell'oceano artico. Si ritiene che sotto la loro superficie ci sia abbondanza di acqua fangosa, che potrebbe anche ospitare forme molto elementari di vita, come i batteri. Ganimede è il più grande, con una massa pari a 2,01 quella della Luna e un raggio di 2631 km. Segue Callisto, con massa 1,47 quella lunare e raggio 2400 km; poi Io con massa 1,22 quella lunare e raggio 1815 km; ultima Europa con massa 0,65 quella lunare e raggio 1569 km. Questi 4 satelliti hanno orbite quasi circolari e circa sul piano dell'equatore gioviano, come pure altri quattro piccoli satelliti, più interni, a distanze da Giove comprese fra 1,8 e 3,1 volte il raggio di Giove. Fra 5,9 e 26,34 raggi gioviani troviamo i quattro grandi, e poi tutti gli altri piccoli caratterizzati da distanze fra 155 e più di 330 raggi gioviani, orbite ellittiche e inclinazioni di parecchie decine di gradi. Potrebbe trattarsi anche di asteroidi catturati dal forte campo gravitazionale di Giove.

12. Saturno

Sebbene (tav. XII) oggi sappiamo che tutti i pianeti giganti hanno un sistema di anelli, Saturno resta unico per la ricchezza, lo splendore e la complessità del suo sistema. Galileo, con il suo cannocchiale, si accorse di qualcosa di strano intorno a Saturno, e disegnò qualcosa di simile ai due manici di una tazza, o a due orecchie.

Fra tutti i pianeti e i satelliti del sistema solare, Saturno è l'unico ad avere una densità media più bassa di quella dell'acqua. Se ci fosse un oceano abbastanza grande per contenerlo, Saturno galleggerebbe.

La sua struttura è abbastanza simile a quella di Giove. Non c'è una separazione netta fra l'atmosfera, in cui idrogeno molecolare e elio sono allo stato gassoso, e la superficie dove sono allo stato liquido. Come su Giove, anche su Saturno si notano fasce colorate parallele all'equatore del pianeta. Sono presenti anche grandi macchie ovali simili alla macchia rossa di Giove. Al centro di Saturno la temperatura raggiunge i 12.000 gradi e la pressione 8 milioni di atmosfere. Ricordiamo, per confronto, che gli analoghi valori per Giove sono rispettivamente 30.000 gradi e 100 milioni.

Saturno ha un campo magnetico di intensità circa eguale a quello della Terra e 20 volte più debole di quello di Giove. È una debole radiosorgente.

Gli anelli si vedono di taglio dalla Terra a intervalli pari a circa la metà del periodo orbitale di Saturno, che è di 29,5 anni circa, e cioè a intervalli compresi fra 13,75 e 15,75 anni. Queste differenze dipendono dall'eccentricità dell'orbita di Satur-

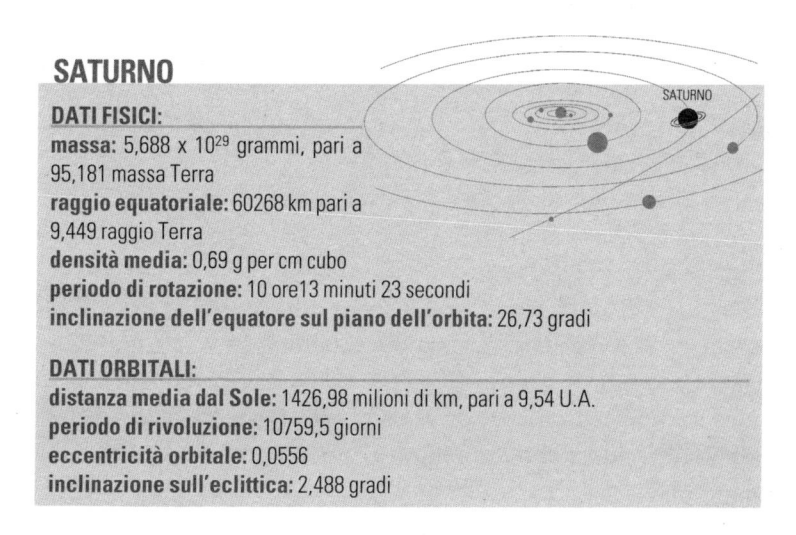

SATURNO

DATI FISICI:
massa: 5,688 x 10^{29} grammi, pari a 95,181 massa Terra
raggio equatoriale: 60268 km pari a 9,449 raggio Terra
densità media: 0,69 g per cm cubo
periodo di rotazione: 10 ore 13 minuti 23 secondi
inclinazione dell'equatore sul piano dell'orbita: 26,73 gradi

DATI ORBITALI:
distanza media dal Sole: 1426,98 milioni di km, pari a 9,54 U.A.
periodo di rivoluzione: 10759,5 giorni
eccentricità orbitale: 0,0556
inclinazione sull'eclittica: 2,488 gradi

no. In queste condizioni sono appena individuabili, mentre si possono ammirare in tutto il loro splendore quando sono visibili di fronte. L'anello più esterno ha un raggio 2,267 volte quello di Saturno. Il raggio interno dell'anello più interno è di 1,11 volte il raggio di Saturno.

Anche Saturno ha una coorte di satelliti, ben 18, ma tutti con masse molto più piccole di quella della Luna – da qualche centesimo a meno di un millesimo, con l'eccezione di Titano, che ha una massa 1,837 quella della Luna, e, unico fra i satelliti, con una densa atmosfera di azoto e metano. È il più grande di tutti i satelliti del sistema solare e con raggio superiore a quello di Mercurio: 2575 km, contro i 2439 km del pianeta.

Il satellite più vicino al pianeta è a una distanza pari a 2,222 raggi di Saturno, e il più lontano 214,91 raggi. Titano si trova a 20,27 raggi e ha un periodo orbitale di 15,945 giorni. Ha una densità di 1,88 g per cm cubo e perciò deve essere composto di materiale roccioso e acqua ghiacciata. La sonda Cassini, che si avvia ad esplorare da vicino Saturno, i suoi anelli e i suoi satelliti, lo raggiungerà nel 2004, sgancerà una navicella – la Huygens – entro l'atmosfera di Titano per studiarne la composizione.

13. Urano

Urano (tav. XIII) è stato il primo pianeta scoperto dopo l'invenzione del telescopio, il 13 marzo 1781.

Come Giove e Saturno ha un sistema di anelli che è stato rilevato da terra, nel 1977, grazie alle periodiche diminuzioni di luce di una stella occultata dal pianeta.

La caratteristica unica di Urano è di avere l'asse di rotazione quasi giacente sul piano dell'orbita, per cui si potrebbe dire che «rotoli» lungo l'orbita. Mentre la rivoluzione avviene in senso antiorario, come per tutti gli altri pianeti, esso ruota in senso orario attorno al proprio asse. Non si capisce quale sia la ragione di queste particolarità.

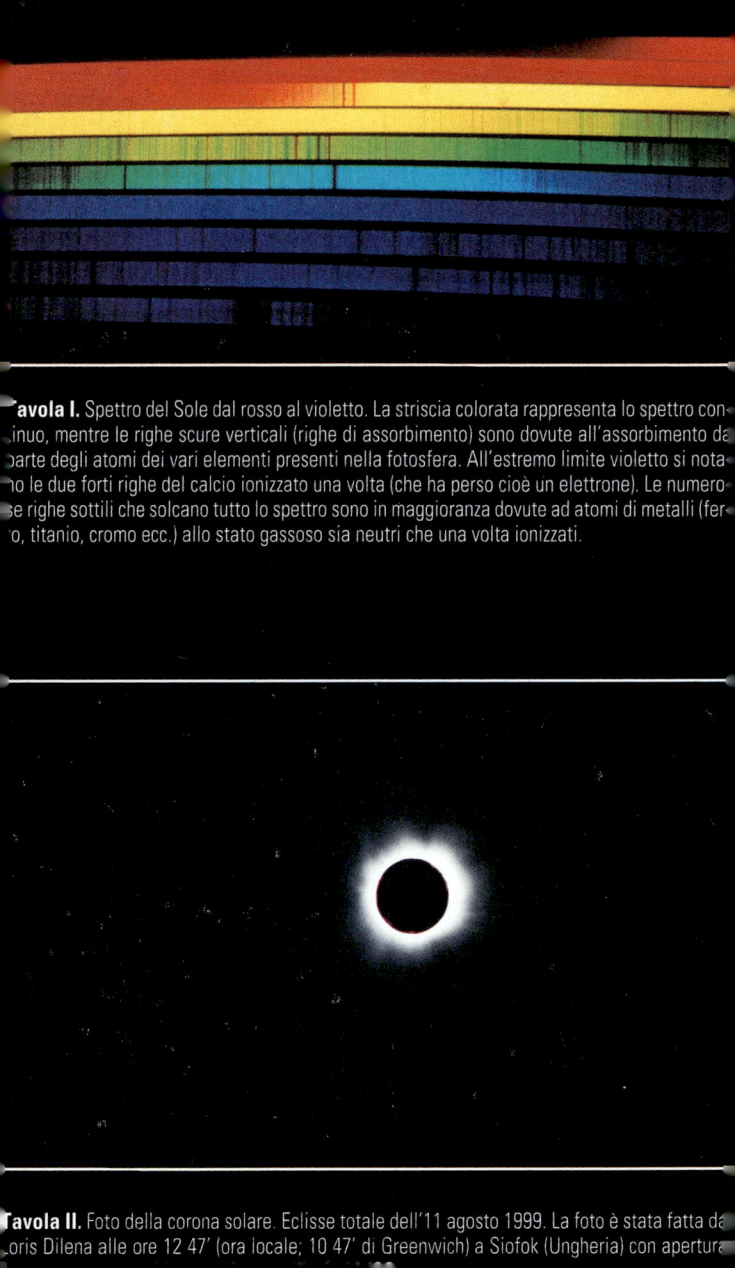

Tavola I. Spettro del Sole dal rosso al violetto. La striscia colorata rappresenta lo spettro continuo, mentre le righe scure verticali (righe di assorbimento) sono dovute all'assorbimento da parte degli atomi dei vari elementi presenti nella fotosfera. All'estremo limite violetto si notano le due forti righe del calcio ionizzato una volta (che ha perso cioè un elettrone). Le numerose righe sottili che solcano tutto lo spettro sono in maggioranza dovute ad atomi di metalli (ferro, titanio, cromo ecc.) allo stato gassoso sia neutri che una volta ionizzati.

Tavola II. Foto della corona solare. Eclisse totale dell'11 agosto 1999. La foto è stata fatta da Loris Dilena alle ore 12 47' (ora locale; 10 47' di Greenwich) a Siofok (Ungheria) con apertura

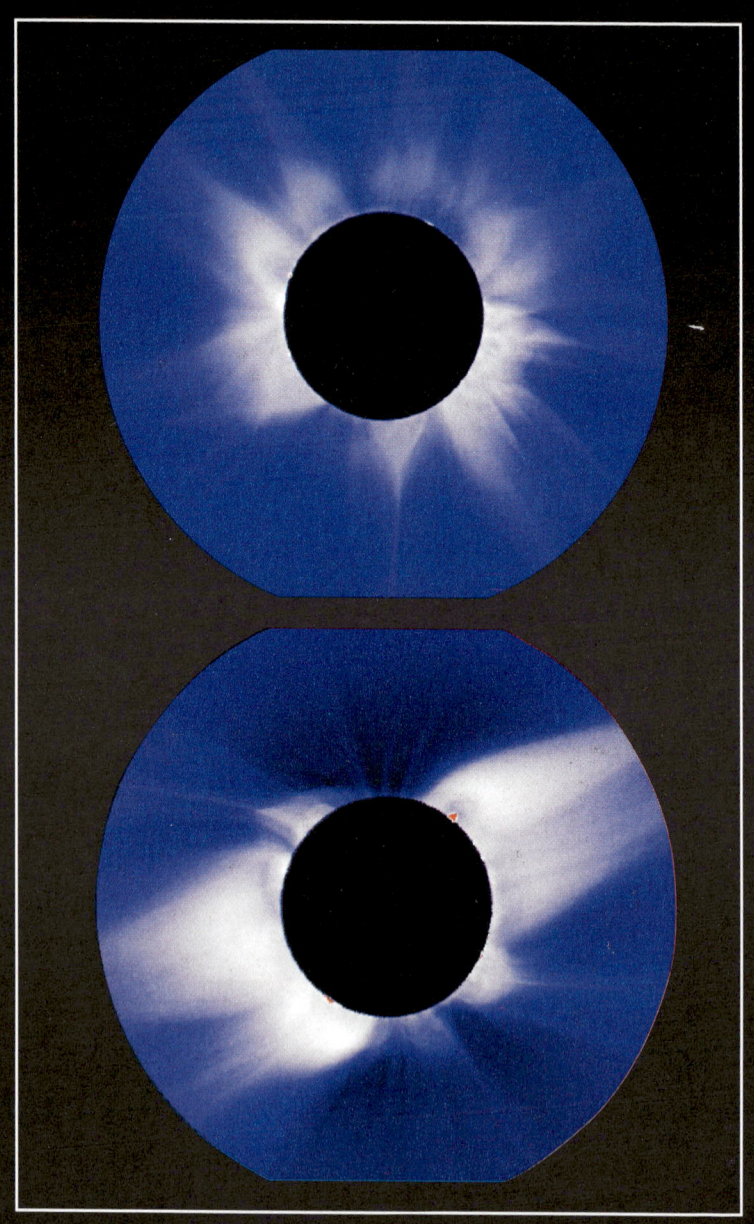

Tavola III. a) Immagine della corona solare al massimo di attività ottenuta da satellite. Uno schermo nero copre l'immagine della fotosfera, la cui intensa emissione danneggerebbe la strumentazione. b) Immagine della corona solare al minimo di attività, osservata da satellite.

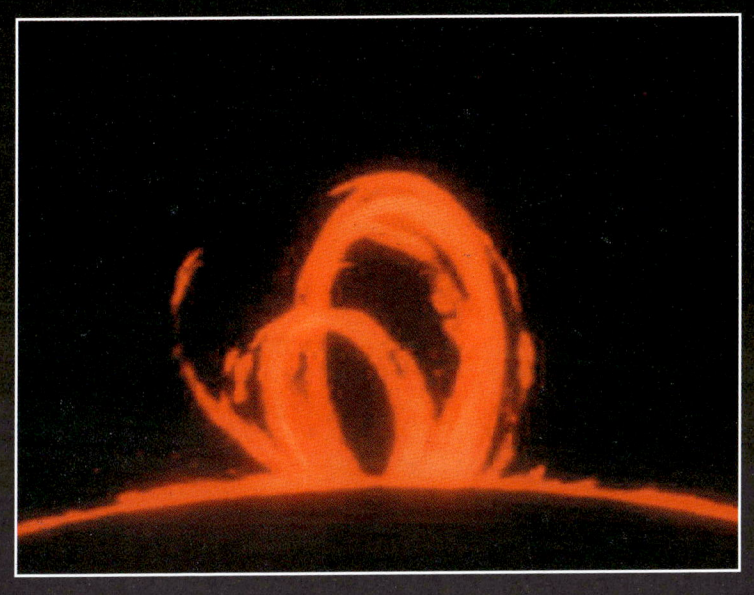

Tavola IV. Protuberanza eruttiva a forma di arco fotografata nella luce della più forte riga dello spettro dell'idrogeno – la H alfa – che cade nel rosso. La strisciolina rossa al bordo del disco solare (coperto da uno schermo opaco) è la cromosfera.

Tavola V. Immagine di Mercurio presa dal Mariner 10. Si vedono i numerosissimi crateri molto simili a quelli che si osservano sulla Luna.

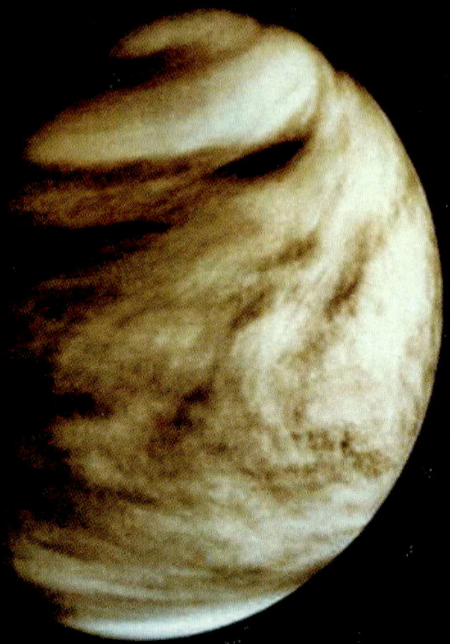

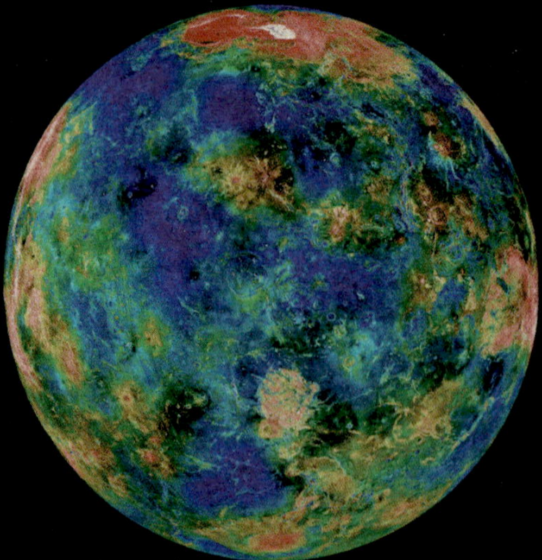

Nella pagina precedente:

Tavola VI. a) Immagine di Venere, coperta da una spessa atmosfera nuvolosa, ottenuta dal Mariner 10. È impossibile scorgere la superficie venusiana. b) Mappa della superficie di Venere ottenuta grazie ad echi radar dalla sonda Magellan.

In questa pagina:

Tavola VII. Immagine della Terra vista dal satellite Meteosat 1. Le nubi sono bianche, i mari blu scuro e le terre rossastre. In alto si riconoscono il Mar Rosso, l'Arabia saudita, a destra, e, a sinistra, il Sudan, la Somalia e tutto il continente africano. In basso, l'estesa macchia bianca è l'Antartide coperta di nubi e ghiaccio.

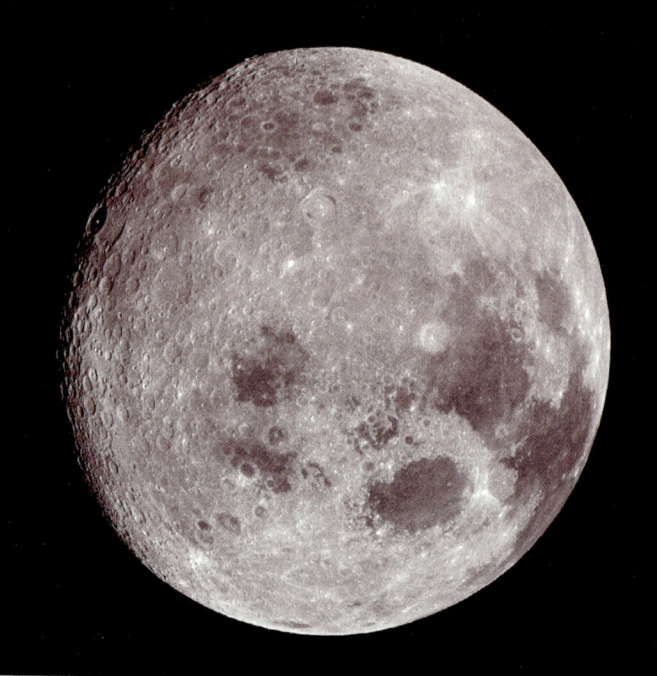

Tavola VIII. Faccia della Luna rivolta verso la Terra, fotografata dagli astronauti di Apollo 1[6] nel 1972.

June 26, 2001   **Hubble Space Telescope • WFPC2**   September 4, 2001

Tavola IX. Due immagini di Marte ottenute dal telescopio spaziale Hubble.

Tavola X. Giove visto dalla sonda Voyager.

Tavola XI. Il satellite di Giove, Io. Sul bordo si nota un'eruzione vulc

Tavola XII. Immagini di Saturno osservato a varie epoche: a seconda delle posizioni relative di Saturno e della Terra varia l'inclinazione sotto cui sono visti gli anelli e quindi la loro visibilità.

November 2000

November 1999

October 1998

October 1997

October 1996

August 1995

December 1994

Nella pagina a fronte:

Tavola XIII. Un'immagine di Urano nell'infrarosso, ottenuta col telescopio spaziale Hubble.

Tavola XIV. Immagine di Nettuno ottenuta da Voyager 2.

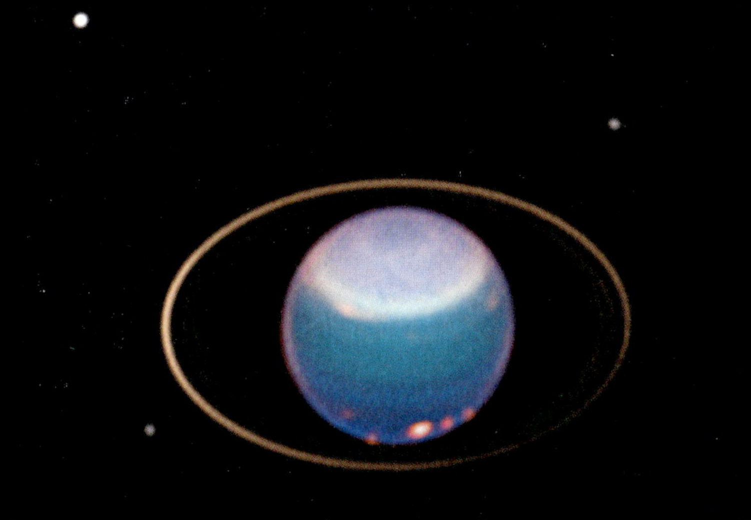

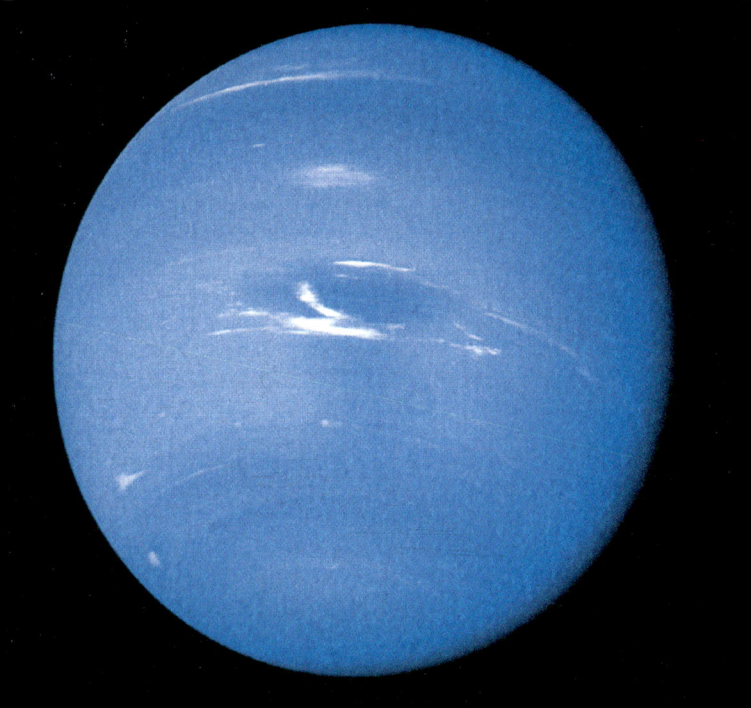

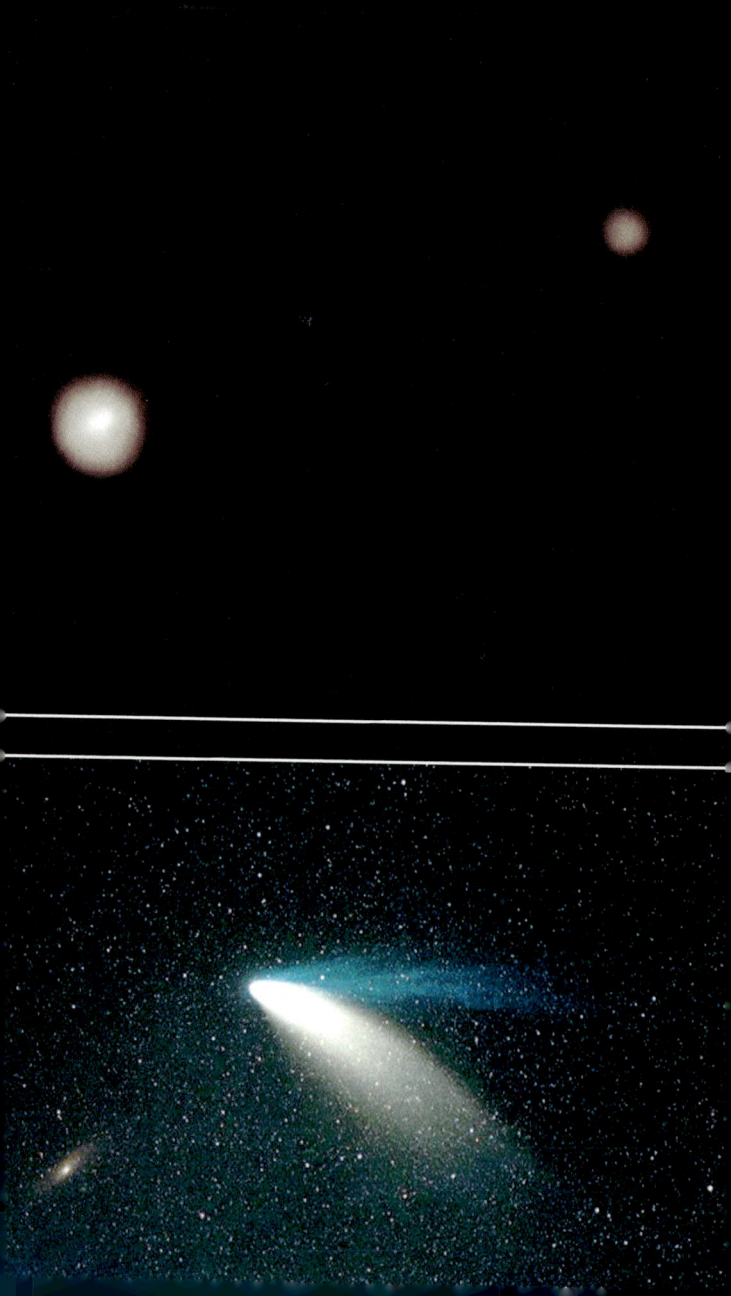

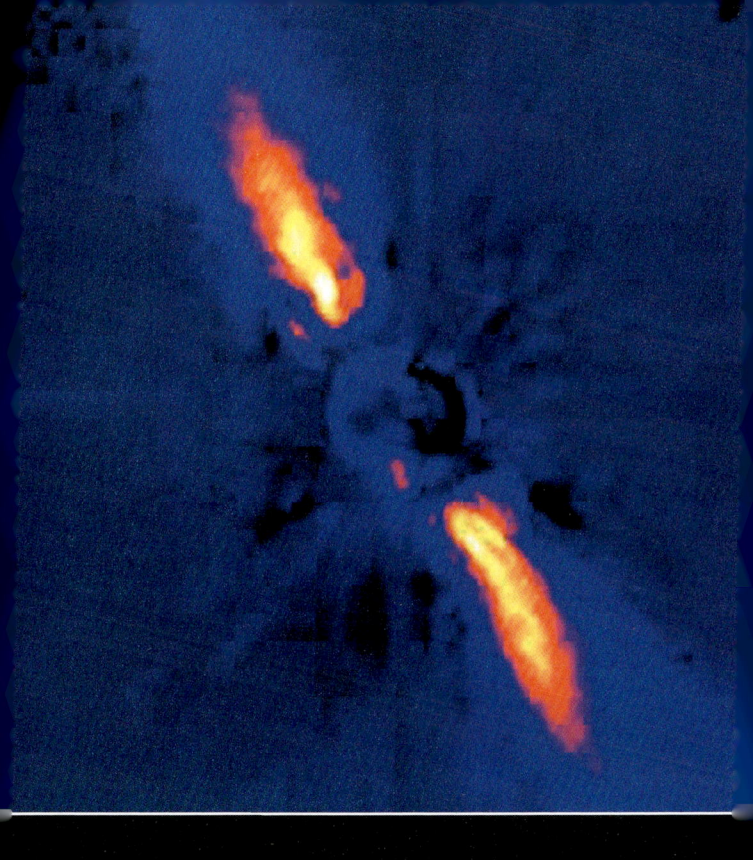

Nella pagina a fronte:

Tavola XV. Immagine di Plutone col satellite Caronte, ottenuta dal telescopio spaziale Hubble

Tavola XVI. Immagine della cometa Hale-Bopp, ottenuta con un telescopio amatoriale: sono ben visibili le due code di gas e di polveri. In basso a sinistra si nota anche l'immagine della galassia di Andromeda.

In questa pagina:

Tavola XVII. Nebulosa protoplanetaria (cioè un sistema planetario ancora in formazione) attorno alla stella Beta Pictoris. L'immagine in infrarosso – riprodotta in falsi colori, col giallo che indica le temperature più alte – è stata presa dal telescopio spaziale Hubble, occultando il disco stellare, in modo da poter vedere la nebulosa molto più debole della stella. La nebulosa ha

Tavola XVIII. La nebulosa Trifide, ammasso di gas e polveri, in cui si formano nuove stelle.

Nella pagina a fronte:

Tavola XIX. Nebulosa planetaria ad anello nella costellazione della Lira. Essa costituisce una specie di inviluppo attorno ad una nana bianca, che a sua volta è il risultato dell'evoluzione di una gigante rossa.

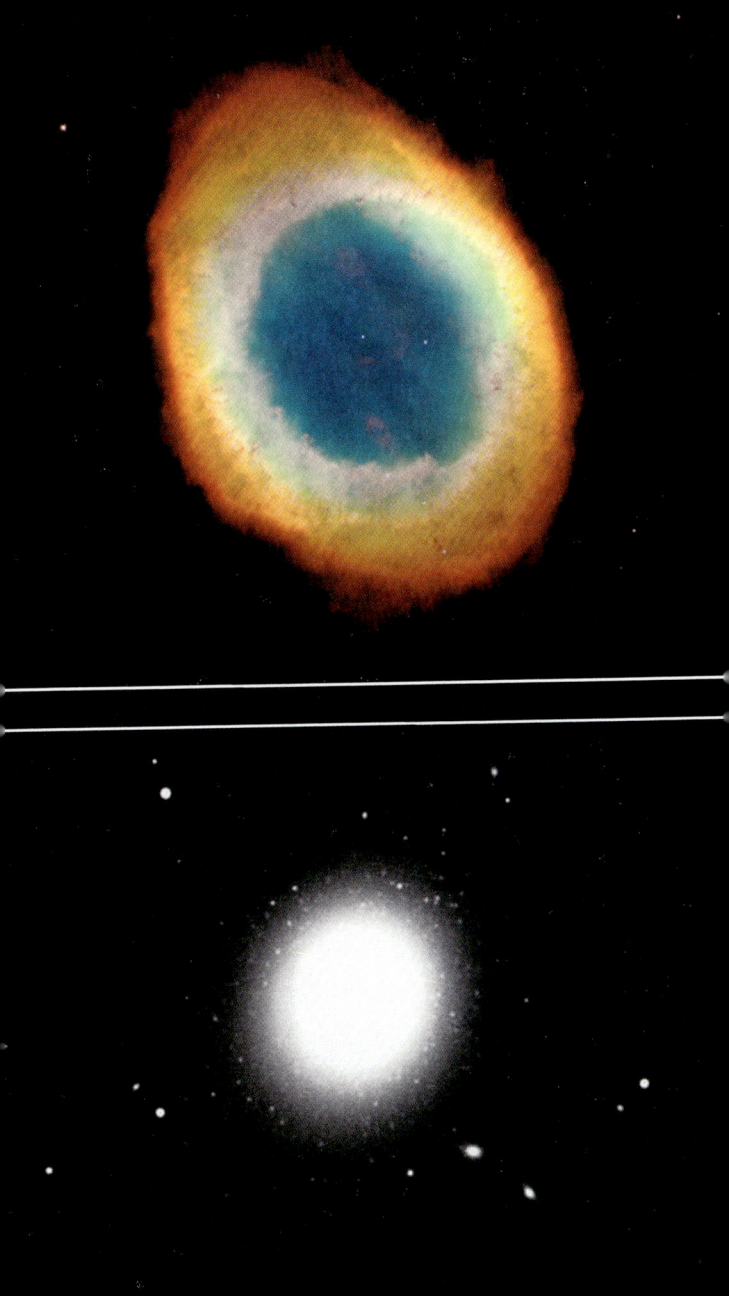

Tavola XXI. La galassia spirale vista di fronte nella costellazione dei Cani da caccia.

Tavola XXII. Galassia spirale Sombrero vista di taglio.

Tavola XXIII. Due galassie spirali in collisione.

Tavola XXIV. Esempio di galassia spirale sbarrata.

Tavola XXV. Il gruppo di galassie noto come «quintetto di Stefan».

Il colore di Urano è verdastro, a causa della composizione dell'atmosfera, costituita prevalentemente di idrogeno e metano. L'atmosfera si estende almeno per un 30% del raggio del pianeta, mentre la superficie è un oceano di acqua, ammoniaca e metano.

È difficile stabilire dove cominci la superficie di Urano. La temperatura atmosferica ha un minimo di circa 58 gradi assoluti, ovvero –215 gradi centigradi (ricordiamo che lo zero assoluto è pari a –273 gradi centigradi). L'atmosfera di Urano appare molto più calma di quella di Giove e Saturno.

Anche Urano ha un campo magnetico che in superficie appare un po' più debole di quello terrestre. L'asse del campo magnetico è inclinato di 55 gradi rispetto all'asse di rotazione. Questa è un'altra particolarità di Urano, perché in tutti gli altri pianeti l'angolo fra asse di rotazione e asse del campo magnetico al massimo raggiunge una decina di gradi.

I cinque maggiori anelli sono quelli scoperti da terra grazie alle diminuzioni di luce subite da una stella che transitava dietro il pianeta; altri minori sono stati osservati da Voyager 2.

La larghezza totale della fascia di anelli è di 14.160 km, un po' più della metà del raggio del pianeta. Il più interno ha un raggio di circa 37.000 km e il più esterno di 51.160 km.

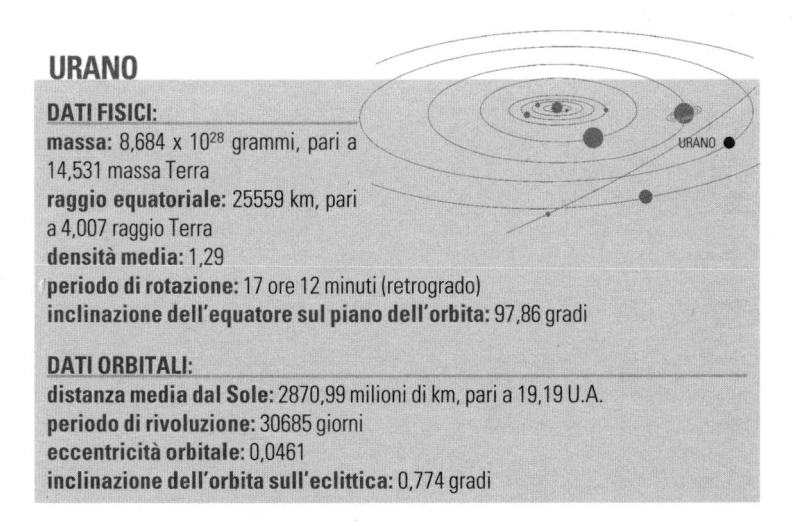

URANO

DATI FISICI:
massa: 8,684 x 10^{28} grammi, pari a 14,531 massa Terra
raggio equatoriale: 25559 km, pari a 4,007 raggio Terra
densità media: 1,29
periodo di rotazione: 17 ore 12 minuti (retrogrado)
inclinazione dell'equatore sul piano dell'orbita: 97,86 gradi

DATI ORBITALI:
distanza media dal Sole: 2870,99 milioni di km, pari a 19,19 U.A.
periodo di rivoluzione: 30685 giorni
eccentricità orbitale: 0,0461
inclinazione dell'orbita sull'eclittica: 0,774 gradi

Anche Urano ha numerosi satelliti, almeno 15 noti, tutti molto piccoli. I cinque più grandi sono anche quelli più esterni, situati a distanze comprese fra 5 e 22,78 volte il raggio del pianeta, che orbitano tutti sul piano equatoriale di Urano. Le loro masse sono comprese fra un millesimo e 4,7 centesimi della massa della Luna.

14. Nettuno

Nettuno (tav. XIV) è molto simile ad Urano. Ha un colore azzurro mare, dovuto al metano presente nell'atmosfera. Le immagini del pianeta forniteci da Voyager 2 mostrano la presenza di formazioni nuvolose di un bianco brillante, variabili, ruotanti più lentamente del pianeta. L'atmosfera di Nettuno presenta molte più perturbazioni di quella di Urano, con venti violenti di velocità fino a 2160 km orari, 10 volte più veloci dei più forti venti terrestri. Anche Nettuno presenta un campo magnetico, che come quello di Urano è molto inclinato rispetto all'asse di rotazione, di 47 gradi.

Gli anelli di Nettuno non sono continui, ma presentano

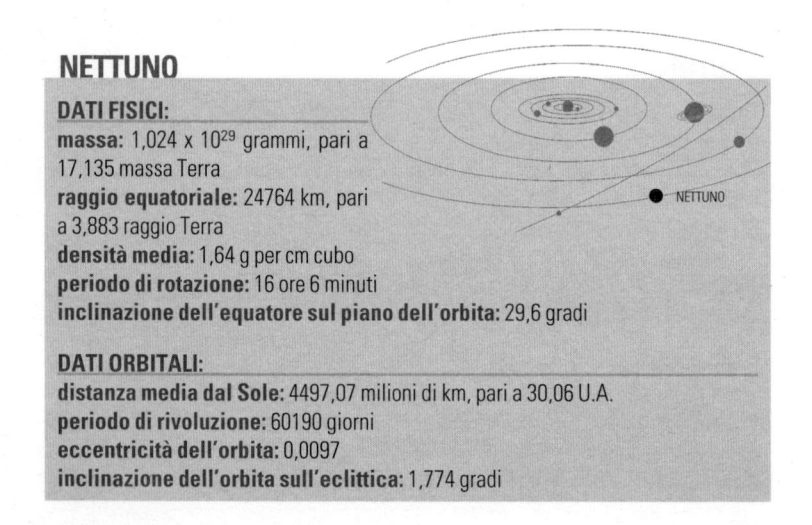

NETTUNO

DATI FISICI:
massa: $1,024 \times 10^{29}$ grammi, pari a 17,135 massa Terra
raggio equatoriale: 24764 km, pari a 3,883 raggio Terra
densità media: 1,64 g per cm cubo
periodo di rotazione: 16 ore 6 minuti
inclinazione dell'equatore sul piano dell'orbita: 29,6 gradi

DATI ORBITALI:
distanza media dal Sole: 4497,07 milioni di km, pari a 30,06 U.A.
periodo di rivoluzione: 60190 giorni
eccentricità dell'orbita: 0,0097
inclinazione dell'orbita sull'eclittica: 1,774 gradi

delle interruzioni, tanto da renderli più simili a degli archi che a veri e propri anelli. L'anello maggiore si trova a una distanza dal centro di Nettuno di 62.900 km, l'altro a 53.200 km. Un terzo anello molto tenue e largo si trova compreso fra 59.000 e 53.200 km dal centro di Nettuno, e un quarto, pure molto tenue, è il più interno, a 41.900 km dal centro di Nettuno.

Nettuno ha 8 satelliti, tutti molto piccoli, ad eccezione di Tritone che ha un raggio di 1350 km e una massa 29 centesimi di quella lunare. Ha un'orbita circolare con raggio pari a 14,33 raggi nettuniani.

15. Plutone

Plutone (tav. XV) è il pianeta più piccolo del sistema solare. La sua massa è 0,176 volte quella della Luna e il raggio 0,66 volte quello lunare. Per la sua piccolezza, e per l'eccentricità dell'orbita e l'inclinazione sul piano dell'eclittica, le più grandi fra tutti i pianeti, potrebbe darsi che originariamente Plutone sia stato un satellite di Nettuno, sfuggito alla sua attrazione gravitazionale. A causa dell'ellitticità dell'orbita, in certe epoche Plu-

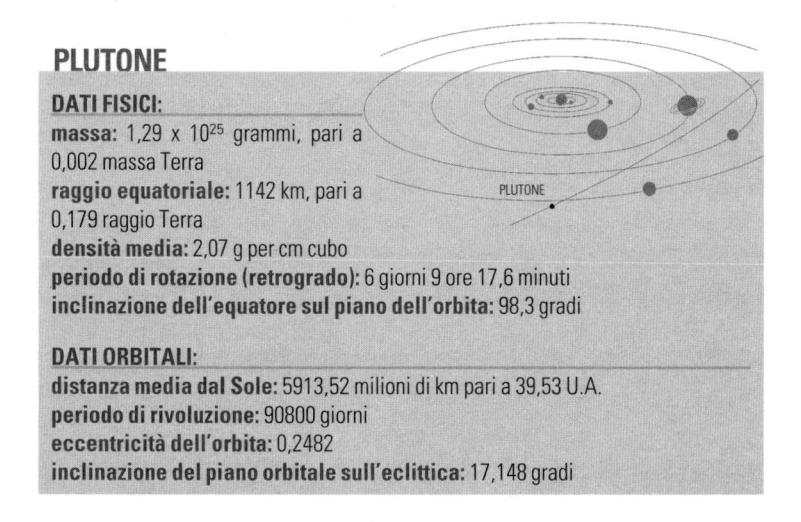

PLUTONE

DATI FISICI:
massa: $1,29 \times 10^{25}$ grammi, pari a 0,002 massa Terra
raggio equatoriale: 1142 km, pari a 0,179 raggio Terra
densità media: 2,07 g per cm cubo
periodo di rotazione (retrogrado): 6 giorni 9 ore 17,6 minuti
inclinazione dell'equatore sul piano dell'orbita: 98,3 gradi

DATI ORBITALI:
distanza media dal Sole: 5913,52 milioni di km pari a 39,53 U.A.
periodo di rivoluzione: 90800 giorni
eccentricità dell'orbita: 0,2482
inclinazione del piano orbitale sull'eclittica: 17,148 gradi

tone si trova all'interno dell'orbita di Nettuno, che diventa allora il pianeta più esterno.

Plutone ha un satellite, Caronte, le cui dimensioni e massa sono paragonabili a quelle del pianeta, per cui più che di un pianeta col suo satellite si dovrebbe parlare di un pianeta doppio. Infatti Caronte ha una massa circa 1/10 e un raggio circa 1/2 di quello plutoniano. Caronte orbita a una distanza di 19.640 km da Plutone, compiendo un'intera rivoluzione in 6,39 giorni. Pianeta e satellite hanno la stessa densità media di 2,07 g per cm cubo.

Plutone ha una tenue atmosfera di metano, come si è potuto accertare durante l'occultazione di una stella. Caronte invece non presenta traccia di atmosfera.

16. Le comete. La fascia di Kuiper e la nube di Oort

Oltre ai pianetini o asteroidi, di cui abbiamo parlato in precedenza, e che si trovano per lo più fra Marte e Giove, altri corpi minori, notevoli per il loro aspetto, sono le comete. Si ritiene che esistano interi serbatoi di comete, concentrati in due regioni ai confini del sistema solare: la fascia di Kuiper, fra 35 e 1000 unità astronomiche, che arriva ben oltre l'orbita di Plutone, e la nube di Oort, che potrebbe estendersi anche per due anniluce e confinare con analoghe nubi delle stelle più vicine; la nube conterrebbe non meno di un centinaio di miliardi di comete. Queste ultime non sono altro che le briciole della nebulosa protoplanetaria da cui si è formato il sistema solare, rimaste tali anche dopo che la maggior parte della materia si è agglomerata formando i pianeti e i loro satelliti. Sono corpi formati di ghiaccio, silicati e grafite, di dimensioni variabili da qualche chilometro a decine di chilometri. Ad esempio, la cometa di Halley, che al suo passaggio in prossimità della Terra nel 1986 fu osservata dalla sonda Giotto a soli 600 km di distanza dal nucleo, ha una forma allungata e dimensioni di

8,2 x 8,4 x 16 km, mentre la cometa Hale-Bopp, rimasta ben visibile per molti mesi nel 1997, misura circa 40 km.

La camera a bordo della sonda Giotto, prima di venire «accecata» dalle polveri della chioma (o coma), ci inviò l'immagine del nucleo, color nero come la pece a indicare la presenza predominante di grafite, mentre invece ci si aspettava fosse essenzialmente coperto di ghiaccio sporco. Si notavano anche collinette e avvallamenti; insomma, un minuscolo pianeta.

Comete a corto periodo (decine d'anni o al massimo duecento anni) proverrebbero dalla fascia di Kuiper; quelle a lungo o lunghissimo periodo (migliaia, decine di migliaia e forse anche milioni di anni) dalla nube di Oort. Ogni tanto le perturbazioni gravitazionali, dovute a qualche stella vicina al Sole, produrrebbero sconvolgimenti entro la nube e qualche membro di essa potrebbe venir trascinato entro la parte più interna del sistema solare.

Le comete hanno tutte orbite molto allungate, con varie inclinazioni sull'eclittica (fig. 26). All'afelio, quando si trovano oltre l'orbita di Plutone, sono corpi freddi e scuri, ma quando si avvicinano al perielio, il calore solare fa sublimare (passare cioè dallo stato solido a quello gassoso) parte della materia che le compone. Si forma così la coma, una specie di atmosfera che circonda il nucleo solido e la lunga coda che si estende per milioni di km, che costituisce la caratteristica più straordinaria delle comete, nell'antichità causa di spavento e considerate presagio di sventure. Sebbene la coda sia la parte più appariscente delle comete, la sua densità è bassissima, e se la Terra si trovasse a transitare attraverso la coda, come avvenne per la cometa di Halley al passaggio del 1910, non ce ne si accorgerebbe nemmeno.

Solitamente le comete hanno due code almeno, una di gas e una di polveri, cioè minuscole particelle solide. Esse sono soggette sia all'attrazione gravitazionale da parte del Sole, che alla forza repulsiva della pressione di radiazione. A causa di quest'ultima, la coda è sempre rivolta in direzione opposta al Sole (tav. XVI). La coda di gas è di colore bluastro, dovuto soprattut-

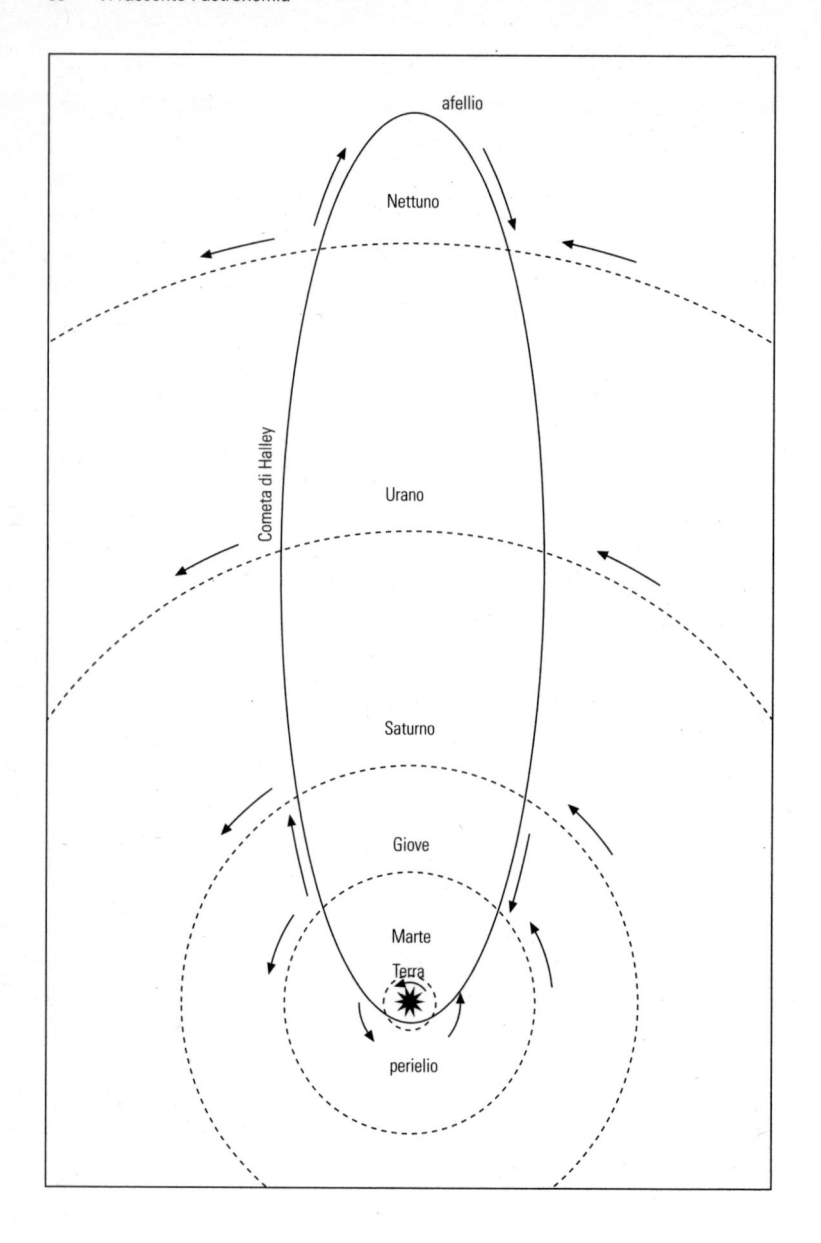

Figura 26. Orbita della cometa di Halley. Gli ultimi passaggi al perielio sono avvenuti nel 1682, 1750, 1835, 1910 e 1986.

to alle emissioni del gas CO ionizzato (cioè monossido di carbonio che ha perso un elettrone), mentre la coda di polveri presenta generalmente un colore giallastro.

Coma e coda provengono sempre e solo dalla sublimazione di parte del nucleo, che perciò ad ogni passaggio al perielio diventa sempre più piccolo. Le comete lasciano una scia di particelle di polvere lungo la loro orbita. Quando la Terra incrocia l'orbita di una cometa, queste particelle penetrano a grande velocità nella nostra atmosfera dando luogo a una pioggia di meteore. Famosa è la pioggia di meteore che si osserva intorno al 10 agosto, detta «lacrime di San Lorenzo», dovuta alle polveri seminate dalla cometa Swift-Tuttle, e quella del 17 novembre, residuo della cometa Tempel-Tuttle.

Meteore e meteoriti costituiscono gli altri membri minori del sistema solare. Quando qualcuno di questi incontra la Terra, penetra nell'atmosfera a velocità comprese fra una decina di km al secondo (circa 36.000 km/ora) se meteoriti e Terra viaggiano nella stessa direzione, e circa 70 km al secondo (più o meno 250.000 km/ora) se viaggiano in direzioni opposte (avviene, cioè, uno scontro frontale fra la Terra, la cui velocità orbitale è di 30 km/sec, e queste particelle che viaggiano su orbite molto ellittiche a velocità di circa 40 km/sec).

Nell'impatto fra questi frammenti solidi e l'atmosfera terrestre si sviluppa, per attrito, un calore sufficiente ad eccitare e ionizzare le molecole atmosferiche, le quali emettono luce dando luogo a quella scia luminosa popolarmente detta «stella cadente».

Si chiamano meteore i corpi più piccoli che sublimano completamente nell'atmosfera, mentre si definiscono meteoriti i corpi più grossi, che non sublimano completamente. Al suolo arrivano i frammenti solidi, per lo più di piccole dimensioni, anche se in qualche raro caso se n'è avuto qualcuno pesante varie tonnellate.

I meteoriti sono classificati a seconda della loro composizione in *condriti*, composti di silicati; *acondriti*, simili ai condriti ma più ricchi di calcio e composti ferrosi; o *sideriti*, contenenti ferro e nichel.

I meteoriti rappresentano l'unico materiale extraterrestre che sia stato possibile analizzare, prima che gli astronauti delle missioni Apollo portassero a terra materiale lunare. Essi ci permettono anche di stabilire con grande precisione l'età del sistema solare, misurando il rapporto fra nuclei radioattivi e il loro prodotto non radioattivo. Si ricava un'età di 4,6 miliardi di anni.

Si chiamano infine micrometeoriti delle minuscole particelle del diametro di qualche micron, che essendo così piccole e leggere penetrano nell'atmosfera senza bruciare e arrivano al suolo.

Qualche miliardo di anni fa la pioggia di meteoriti doveva essere molto più intensa, poi il materiale si è andato lentamente consumando. Che in passato la caduta di meteoriti fosse molto più abbondante ce lo dimostrano i numerosi crateri di Mercurio e della Luna, che – come abbiamo detto – non avendo atmosfera, e non essendo quindi soggetti ad erosione da parte dei venti e delle piogge, ci raccontano tutta la loro storia passata. Sulla Terra protetta dall'atmosfera, invece, vento e pioggia hanno livellato la superficie e i vecchi crateri si notano appena.

17. Viaggi spaziali e satelliti artificiali

I satelliti artificiali hanno fornito enormi risultati; prima, era come esplorare il mondo che ci circonda con uno solo dei nostri sensi. Fino al 1930 conoscevamo del cielo solo l'aspetto visibile a occhio nudo: si misurava la luce, un po' di ultravioletto, un po' d'infrarosso. Nel 1932 Jansky scoprì che la nostra galassia emette radioonde. La radioastronomia, sviluppatasi dopo la seconda guerra mondiale, ha mostrato un aspetto del cielo completamente diverso da quello ottico: si è capito che, se si osservano i raggi gamma, i raggi X, l'infrarosso e l'ultravioletto, si scoprono altri aspetti.

In un prossimo futuro saranno possibili i viaggi umani entro il sistema solare; si potrà andare su Marte e colonizzarlo, usare gli asteroidi come astronavi naturali per viaggiare nel sistema solare. Ma le distanze rimangono enormi. Il viaggio su Marte, se preso nelle posizioni favorevoli, può durare meno di un anno, ma una volta arrivati bisogna aspettare il momento propizio per il ritorno sulla Terra. Il primo viaggio spaziale fu fatto da una cagnetta, Laika, nel 1958, poi gli americani hanno lanciato nello spazio delle scimmie. La costruzione di veri e propri satelliti artificiali con funzioni di «stazioni spaziali» è questione dei nostri giorni.

18. Possibilità di vita nell'universo. I pianeti extrasolari e le condizioni necessarie alla vita

Fin dall'antichità l'uomo si è chiesto cosa fossero le stelle e se esistessero altri mondi simili al nostro, abitati da esseri intelligenti. Talete (vissuto fra il VII e il VI secolo a.C.) pensava che le stelle fossero fatte della stessa materia della Terra. Anassagora (496-428 a.C.) pensava che la Luna fosse abitata. Epicuro (341-270 a.C.) credeva all'esistenza di infiniti mondi. Ma Aristotele (384-322 a.C.) sosteneva con argomenti filosofici che la Terra era immobile al centro dell'universo, e che non potevano esserci altri mondi.

Galileo (1564-1642) mostrò che la Luna è coperta di pianure e montagne come la Terra, e che il Sole, coperto di macchie che appaiono e scompaiono, non è quel corpo perfetto e immutabile come affermava Aristotele. Giordano Bruno (1548-1600) sosteneva l'esistenza di innumerevoli soli e di innumerevoli terre, abitate da esseri viventi; per queste sue dichiarazioni, ritenute eretiche, fu mandato al rogo il 17 febbraio 1600. Alla fine del 1800 Giovanni Virginio Schiaparelli, osservando Marte col grande rifrattore dell'Osservatorio di Brera, credette di scorgere delle strutture che chiamò «canali», che, come abbiamo visto, furono ritenute – erroneamente – gigantesche opere di ingegneria costruite dai marziani per portare la scarsa acqua dai poli a tutto il pianeta.

Nel Novecento, l'ipotesi di vita extraterrestre è stata affrontata su basi rigorosamente scientifiche. Il primo passo da fare è di accertare se esistano condizioni favorevoli allo sviluppo della vita sugli altri pianeti del sistema solare. Come abbiamo visto, Mercurio e Luna non hanno atmosfera e la temperatura varia da oltre 400 a quasi −200 gradi centigradi, e da 100 a −100, rispettivamente sulla faccia illuminata dal Sole e su quella in ombra. Su Venere l'atmosfera è così spessa e opaca da aver prodotto un effetto serra tale da mantenere la temperatura costante e pari a quasi 500 gradi centigradi, e una pressione al suolo di 100 atmosfere circa. Tutte condizioni inadatte alla vita. Solo Marte, che ha una tenue atmosfera prevalentemente di anidride carbonica, un giorno e un ciclo stagionale molto simili a quello terrestre, potrebbe forse ospitare forme di vita elementare; qui, infatti, d'estate all'equatore la temperatura può raggiungere i 20 gradi centigradi di giorno e scendere a −80 di notte. In tempi andati, inoltre, c'è stata grande abbondanza di acqua, come testimoniano i letti di grandi fiumi e i bacini di laghi ormai disseccati; ai poli si trova ancora molta acqua ghiacciata.

I pianeti giganti – Giove, Saturno, Urano e Nettuno –, in gran parte liquidi e gassosi, non sono adatti ad ospitare forme di vita neppure elementare, che invece potrebbero trovarsi sui loro maggiori satelliti. Ricordiamo che la sonda Galileo ha rivelato, sotto la superficie dei due satelliti gioviani Europa e Callisto, estesi oceani di acqua e fango. Forse la navicella Huygens, traversando l'atmosfera del satellite Titano molto ricca di molecole organiche, scoprirà la presenza di molecole prebiotiche o eventualmente anche forme molto elementari di vita.

Ma esistono altri sistemi planetari? All'inizio di questo secolo, secondo una teoria proposta dall'astronomo inglese James Jeans, il sistema planetario si sarebbe formato in conseguenza di un incontro ravvicinato con un'altra stella. Per effetto gravitazionale, dalle due stelle si sarebbero sollevate enormi maree gassose che, raffreddandosi, avrebbero dato origine a due sistemi planetari. Poiché l'incontro ravvicinato di due stelle è un evento estremamente raro – il diametro medio di una stella è 100 milioni di volte più piccolo della distanza media – i sistemi planetari, in conseguenza, sarebbero estremamente rari.

Oggi le idee sono completamente diverse. Si pensa che quando si forma una stella, per contrazione da una nube di gas, sotto l'azione della forza di gravità si formi anche un disco di materia più freddo ed esteso attorno all'equatore. Questa teoria è stata confermata dalle osservazioni fatte sia col satellite IRAS (Infrared Astronomical Satellite), sia con i telescopi da terra: si è visto che attorno a una cinquantina di stelle relativamente vicine è presente un disco di materia a temperature di qualche centinaio di gradi, ed esteso come o più del nostro sistema solare. Un tale disco somiglia molto alla nebulosa protoplanetaria da cui si sarebbe formato il sistema solare (tav. XVII).

Infine, nel settembre 1995, due astronomi svizzeri, Michel Major e Didier Queloz, hanno dato notizia d'aver scoperto il primo pianeta extrasolare, un pianeta grosso circa come Giove, in orbita attorno a una stella di tipo molto simile al Sole, 51 Pegasi, a una cinquantina di anniluce da noi. Questo pianeta non è stato visto direttamente, ma si può stabilire la sua presenza in seguito alle perturbazioni gravitazionali al moto della sua stella. Questa, invece di muoversi di moto rettilineo uniforme, compie delle piccole oscillazioni periodiche. Dal periodo delle oscillazioni si ricava il periodo di rivoluzione del pianeta, e dall'entità delle oscillazioni la massa del pianeta. La massa risulta circa eguale a quella di Giove, e questo prova che il corpo perturbatore è un pianeta e non un'altra stella, perché una stella può dirsi tale solo se la sua massa è almeno pari a circa un decimo di quella del Sole, altrimenti la temperatura centrale resta troppo bassa per innescare le reazioni nucleari, che distinguono una stella da un pianeta. La sorpresa di questa prima scoperta fu che il periodo di rivoluzione è di soli 4 giorni, per cui il pianeta si trova a una distanza dal suo sole 8 volte più piccola di quella che ha Mercurio dal Sole.

Oggi si sono scoperti, sempre in modo indiretto, una cinquantina di pianeti attorno a una quarantina di stelle, tutte di tipo simile al Sole. Si tratta sempre di pianeti molto grossi, ma ciò non esclude che vi siano anche dei pianeti piccoli come la Terra: è solo che i nostri mezzi, al momento, non ci permettono di individuarli.

È interessante notare che, degli ultimi 8 pianeti scoperti, 5 possiedono una massa più piccola di quella di Giove, eguale o un po' inferiore a quella di Saturno.

In un solo caso la presenza del pianeta è stata rivelata non solo dai disturbi al moto della stella, ma anche dalla diminuzione di luce di 15 millesimi, evento che si verifica regolarmente ogni 3 giorni e mezzo, e perdura 3 ore circa. Ciò significa che il disco del pianeta passa davanti al disco stellare, occultandolo in minima parte. Perché ciò avvenga occorre che la nostra visuale, cioè la direzione Terra-stella, giaccia quasi esattamente sul piano dell'orbita del pianeta.

Nella maggior parte dei casi, i periodi di rivoluzione dei pianeti extrasolari scoperti fino a oggi sono molto brevi, ma va notato che è molto più facile scoprire pianeti vicini alla loro stella di quelli molto più lontani, perché le perturbazioni gravitazionali variano con l'inverso del quadrato della distanza. Di conseguenza, un pianeta gioviano alla distanza dalla sua stella eguale o superiore a quella che ha Giove dal Sole, darebbe luogo a perturbazioni al limite delle nostre capacità di misura.

Nel caso della stella Upsilon, della costellazione di Andromeda, si sono scoperti addirittura tre pianeti, tutti grossi. Il più grosso, di massa 4,61 volte quella di Giove, orbita a 2,5 U.A. La maggior parte di questi pianeti segue un'orbita ellittica, il che comporta notevoli differenze di temperatura al periastro e all'apoastro.

In conclusione, tutti i pianeti scoperti fino ad oggi non sono adatti a ospitare forme di vita, ma è importante considerare che i nostri mezzi non ci consentono ancora di rivelare la presenza di terre (fig. 27).

Con l'entrata in funzione del grande telescopio europeo per l'emisfero australe, composto da 4 specchi di 8 metri di diametro ciascuno, situato sulle Ande cilene a circa 3000 metri di altezza, potremo probabilmente scoprire anche pianeti terrestri. E osservando con dei filtri, che lascino passare solo le radiazioni emesse dalla molecola di ossigeno nel rosso o dalla molecola di ozono nell'infrarosso, accertare la presenza o meno di queste molecole, e quindi se in quel pianeta hanno avuto luogo dei processi di fotosintesi.

Naturalmente la presenza di pianeti extrasolari è una condizione necessaria, ma non sufficiente, per la presenza di organismi viventi. Abbiamo visto che nel nostro sistema solare, solo la Terra offre le condizioni necessarie allo sviluppo di vita elevata. Si ritiene sia stato importante il ruolo di Giove, che con la sua

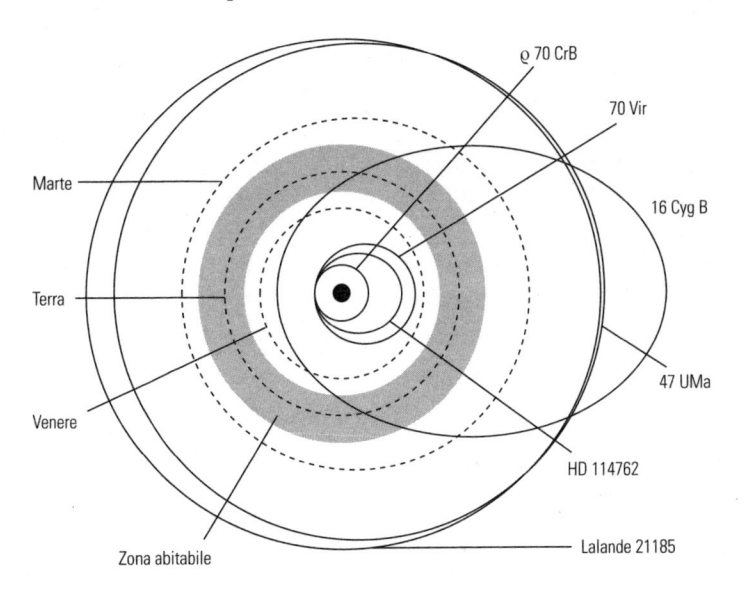

Figura 27. Confronto delle orbite di alcuni pianeti extrasolari con quelle di Venere, Terra e Marte. L'area tratteggiata in grigio rappresenta la zona più adatta allo sviluppo della vita attorno a una stella di tipo solare.

grande massa attrae comete e pianetini impedendo che questi cadano sui pianeti interni, e in particolare sulla Terra.

Potremo mai accertare la presenza di altri esseri intelligenti in altri sistemi solari? Un tentativo per rispondere a questa domanda è offerto dal progetto SETI (Search for Extraterrestrial Intelligence), proposto all'inizio degli anni Sessanta dai due fisici Giuseppe Cocconi e Philip Morrison. Si tratta di puntare i nostri radiotelescopi verso stelle vicine di tipo solare, per cercare di registrare eventuali segnali radio modulati, chiaramente artificiali, lanciati da esseri che, come noi, desiderano sapere se sono o no soli nell'universo. Le lunghezze d'onda favorite per questo tipo di osservazioni sono comprese fra circa 3 e 30 cm. Sotto i 3 cm le emissioni della nostra atmosfera diventano dominanti, sopra i 30 diventano dominanti le radioemissioni della Via Lattea. Inoltre, in questa regione di «calma radioelettrica», cadono le emissioni a 21 cm dell'idrogeno neutro interstellare e a 18 cm del radicale OH (ossidrile). Civiltà tecnologicamente evolute, e che come noi abbiano conoscenze astronomiche, saranno interessate a osservare in particolare le emissioni a queste lunghezze d'onda, perché ricche di informazioni sulla struttura della nostra galassia; perciò le riterranno le più adatte ad essere rivelate da altre civiltà, che abbiano le loro stesse conoscenze e curiosità.

Oggi il programma SETI continua con mezzi molto più sofisticati di quelli con cui l'iniziò il radioastronomo Frank Drake nel 1964. Il risultato per ora è negativo. D'altra parte la probabilità di successo è minima, non solo per le grandi distanze, ma soprattutto per quella che si chiama la «finestra temporale». Per capirsi occorrerebbe essere circa allo stesso grado di sviluppo. Sulla Terra le grandi civiltà risalgono a più di 5000 anni fa, ma la civiltà tecnologica ha poco più di un secolo. Anche meno di 100 anni fa non saremmo stati in grado di captare segnali radio extraterrestri.

CAPITOLO 3
LE STELLE

1. Costellazioni e nomi delle stelle

Fin dall'antichità le stelle erano individuate grazie alle costellazioni, gruppi di stelle che congiunte idealmente formano figure immaginarie, come l'Orsa Maggiore e l'Orsa Minore, chiamate anche Carro Maggiore e Carro Minore, perché formano entrambe un quadrilatero con una specie di coda, il timone, che dà l'impressione di un carro.

Le costellazioni non hanno nessun significato fisico; le stelle che le formano sembrano vicine, proiettate sulla volta celeste, ma nella terza dimensione la loro distanza da noi e fra di loro può essere molto diversa. Una bella costellazione facilmente riconoscibile è Orione, che si vede sorgere a Est all'inizio dell'inverno, caratterizzata da due stelle molto brillanti: una supergigante rossa, Betelgeuse, con un raggio 400 volte quello del Sole, una delle più grandi (se il Sole fosse grande come Betelgeuse ingloberebbe anche Marte); l'altra è Rigel, una stella azzurra. Anche Cassiopea è una costellazione ben riconoscibile, perché ha la forma di un W e si vede quasi allo zenit.

I nomi delle stelle sono indicati con una lettera dell'alfabeto greco – a partire da alfa, e poi via via in ordine decrescente della luminosità apparente –, e col genitivo del nome in latino della costellazione: per esempio Alfa Lyrae vuol dire che è la stella più brillante della Lira; Alfa Orionis, di Orione; e così via. Le stelle più brillanti hanno anche nomi propri dati loro nell'antichità, come Vega (Alfa Lyrae), Betelgeuse (Alfa Orionis), Rigel (Beta Orionis) ecc. Le stelle sono anche indicate con una sigla indicante il catalogo e il numero d'ordine del catalogo stesso. Le più deboli sono indicate soltanto così. Per esempio, HD 2055 è la stella numero 2055 del catalogo Henry Draper, colui che finanziò il catalogo realizzato a Harvard da Annie Cannon, che comprende tutte le stelle più brillanti della undicesima magnitudine (cioè 100 volte più deboli delle più deboli visibili a occhio nudo). Oggi, con i moderni telescopi dell'ultima generazione e col telescopio spaziale, si arriva a ottenere immagini di stelle di ventinovesima e trentesima magnitudine, cioè circa 5 miliardi di volte più deboli delle più deboli stelle visibili a occhio nudo.

2. La struttura delle stelle

La luce del Sole – anch'esso una stella che, a causa della sua vicinanza noi vediamo come un disco e non come un semplice puntino – impiega poco più di 8 minuti ad arrivare a noi, mentre la luce delle stelle più vicine, Alfa Centauri e la sua compagna Proxima Centauri (insieme formano un sistema binario), impiega circa 4 anni e mezzo. In altre parole, la stella più vicina è quasi 300.000 volte più lontana del Sole.

Le stelle sono dei globi completamente gassosi, perché anche quelle più fredde hanno temperature superficiali di circa 2000 gradi e temperature centrali di almeno 5 milioni di gradi. A queste temperature tutti gli elementi si trovano allo stato di gas, e, nell'interno, di gas completamente o quasi ionizzato. Al centro della stella ci sarà dunque un gas composto da un miscuglio di nuclei carichi positivamente ed elettroni liberi carichi negativamente. Poiché il numero di cariche positive e negative è eguale, il gas è neutro. Ricordiamo che un gas di questo tipo è detto *plasma*.

Le stelle si distinguono in vari tipi a seconda della massa, la quantità fondamentale che determina le altre grandezze: raggio, luminosità, temperatura superficiale, struttura interna della stella, suo cammino evolutivo. Le più grosse possono avere masse anche 30 volte quella del Sole, le più piccole circa 8 centesimi di essa. Quelle più massicce hanno una temperatura superficiale di 20-30.000 gradi, e una temperatura al centro di 30-40 milioni di gradi; irraggiano soprattutto alle lunghezze d'onda più brevi, e noi le vediamo di un colore bianco azzurrastro. Quelle intermedie, come il Sole, hanno temperature superficiali di circa 5000-7000 gradi, mentre la temperatura centrale si aggira sui 15 milioni di gradi, con un massimo di irraggiamento nel verde-giallo, e perciò ci appaiono di colore giallastro. Le più fredde hanno temperature superficiali di 2000-3000 gradi, al centro di 5-10 milioni, un colore rossastro e una massa che oscilla da qualche decimo a circa 8 centesimi di quella del Sole.

Il nostro emisfero è costellato di circa 3000 stelle visibili ad occhio nudo, e altrettante se ne trovano nell'altro emisfero. Gli splendori delle stelle si misurano in magnitudini, o grandezze stellari, che sono dei numeri proporzionali al logaritmo dello splendore.

Il nome e la scala di magnitudini deriva dagli antichi astronomi greci. Essi stabilirono una scala di grandezze stellari, che andava da quelle di prima grandezza (così chiamate perché erano quelle che per prime diventavano visibili nel cielo del crepuscolo), alle stelle appena visibili, che chiamarono «di sesta grandezza». Quindi la scala abbracciava cinque classi di grandezze, da 1 a 6 (e cioè: da 1 fino a 2; da 2 fino a 3; da 3 fino a 4; da 4 fino a 5; da 5 fino a 6; i greci non conoscevano lo zero).

Misure moderne hanno messo in evidenza che il rapporto di splendore fra le stelle di prima grandezza e quelle di sesta è pari a 100.

In seguito si cercò di rendere la scala più uniforme e più precisa, ampliandola dalla parte dei maggiori splendori; ma si preferì mantenere la consuetudine di indicare con numeri più piccoli quelle più brillanti, e si introdussero quindi anche magnitudini zero e negative.

La stella più brillante del nostro emisfero è Sirio, che ha una magnitudine apparente di $-1,4$ e una magnitudine assoluta di $+1,41$. Il Sole ha una magnitudine apparente di -27 e una

Magnitudini apparenti e assolute

Si chiamano magnitudini apparenti le magnitudini dipendenti dallo splendore intrinseco della stella ridotto in rapporto alla distanza da noi, ossia lo splendore apparente S. La relazione fra magnitudine apparente e splendore apparente è la seguente: date due stelle di magnitudine apparente m_a e m_b, abbiamo:
$m_a - m_b = -2,5 \log (S_a/S_b)$.
Nel caso particolare che si considerino due stelle di prima e di sesta magnitudine abbiamo
$m_1 - m_6 = -2,5 \log (S_1/S_6) = -5$,
ricordando che $\log 100 = 2$ e, più in generale, che una differenza di magnitudini pari a 5 corrisponde a un rapporto degli splendori eguale a 100. Si tenga presente che quanto maggiore è lo splendore tanto più piccolo è il numero che indica la magnitudine, e questo spiega la presenza del segno $-$.

Si definisce magnitudine assoluta quella che avrebbero le stelle se fossero tutte alla stessa distanza da noi, distanza che per convenzione si assume eguale a 10 parsec (pari a 32,6 anniluce).

Per trovare la relazione fra magnitudine apparente e magnitudine assoluta, ricordiamo che lo splendore di una stella varia con l'inverso del quadrato della distanza. Se chiamiamo S lo splendore apparente, corrispondente alla distanza d a cui si trova la stella, e S_0 lo splendore che avrebbe se fosse alla distanza di 10 parsec, avremo
$S/S_0 = 100/d^2$
e chiamando M la magnitudine assoluta:
$m - M = -2,5 \log (S/S_0) = -2,5 \log (100/d^2) = -5 + 5 \log d$.

Da questa relazione segue che una stella di quinta magnitudine è 100 volte più brillante di una di decima, e 10.000 volte più brillante di una di quindicesima.

magnitudine assoluta di +4,60. Il Sole ci appare tanto più splendente di Sirio a causa della sua grande vicinanza, ma se Sole e Sirio fossero alla stessa distanza, il Sole sarebbe 3,19 magnitudini più debole di Sirio.

Le stelle più massicce hanno raggi più grandi; si va dalle stelle azzurre con raggi 5-7 volte quello del Sole, a quelle più piccole – le nane rosse –, che hanno un raggio inferiore a 1/10 di quello solare.

Questi dati si riferiscono a stelle non evolute, cioè nella prima fase della loro vita, in cui la fonte dell'energia irraggiata è la reazione nucleare che trasforma l'idrogeno in elio. Ma l'evoluzione dovuta al fatto che il combustibile nucleare idrogeno si consuma, trasformandosi in elio, provoca delle drastiche variazioni nella struttura della stella.

Per capire che cosa avviene, occorre fare un passo indietro e chiedersi come si forma una stella e com'è possibile che globi completamente gassosi, come il Sole e le altre stelle, mantengano la loro struttura per milioni o miliardi di anni, mentre siamo abituati a pensare al gas come a quello stato della materia che tende ad occupare tutto lo spazio che ha a disposizione. Come mai, dunque, le stelle non evaporano nello spazio interstellare? La padrona della situazione, che regola la formazione e il successivo sviluppo delle stelle, è la forza di gravità.

Nello spazio interstellare ci sono regioni dove la densità è più alta della media. Mentre nello spazio interstellare troviamo al massimo un atomo per cm cubo, le cosiddette nubi interstellari hanno densità da 100 a 10.000 volte e più, e sono un miscuglio di gas e polveri (tav. XVIII). Minuscole particelle solide di dimensioni inferiori al micron, composte di silicati, grafite, ghiaccio con impurità di ferro e altri metalli, compongono le polveri. Nella nube, sotto l'azione della gravità, si possono formare degli addensamenti che cominciano a contrarsi sotto il loro stesso peso. All'inizio l'addensamento è trasparente e il calore creato dalla contrazione viene dissipato nello spazio circostante; nel corso della contrazione, però, l'addensamento diventa opaco e comincia a riscaldarsi. Col procedere del collasso verso il centro, la temperatura raggiunge valori di qualche milione di gradi, e i nuclei di idrogeno, i più numerosi a costituire l'addensamento, cominciano a trasformarsi in elio: 4 protoni danno un nucleo di elio (o particella alfa), la cui massa è di 0,007 inferiore alla somma delle masse dei quattro protoni. La massa mancante viene trasformata in energia secondo la relazione $E = mc^2$, enunciata da Einstein nella sua teoria della relatività ristretta. È questa energia che mantiene alta la temperatura del gas. A temperature di milioni di gradi, le particelle di gas con la loro velocità di agitazione termica esercitano una pressione verso l'alto che controbilancia la forza di gravità. A questo punto, la stella ha terminato la fase «prenatale» e si trova in uno stato detto di «equilibrio idrostatico» – in cui le due forze opposte, la forza di gravità e la forza di pressione, si equilibrano perfettamente –, e in «equilibrio termico» – per cui tutta l'energia prodotta al centro grazie alle reazioni nucleari, propagandosi attraverso la massa stellare, viene dissipata per irraggiamento nello spazio interstellare.

Nel viaggio attraverso la stella, l'energia si degrada: un piccolo volume centrale di raggio inferiore a un decimo di quello stellare ha temperature di parecchi milioni di gradi ed emette soprattutto raggi gamma e raggi X, mentre dalla superficie stellare esce radiazione ultravioletta, ottica ed infrarossa. Ma il bilancio è in pareggio: tanta energia viene prodotta al centro e tanta ne sfugge dalla superficie.

Quando nel nocciolo tutto l'idrogeno si è trasformato in elio (il che avviene tanto più rapidamente quanto maggiore è la massa stellare), le reazioni nucleari cessano perché l'elio è inerte alle temperature che invece erano sufficienti per la reazione idrogeno-elio. Allora il centro della stella comincia a raffreddarsi e la velocità d'agitazione termica del gas non è più in grado di equilibrare la forza di gravità. La stella comincia a contrarsi, e la contrazione fa salire la temperatura; dapprima in un guscio attorno al nocciolo ancora ricco di idrogeno hanno inizio reazioni nucleari idrogeno-elio, che però non sono sufficienti a fermare la contrazione. Questa prosegue fino a che nel nocciolo la temperatura raggiunge i cento milioni di gradi e l'elio può trasformarsi in carbonio: tre particelle alfa danno un nucleo di carbonio 12. Allora la stella subisce un drastico cambiamento. Siccome l'energia prodotta cresce rapidamente al crescere della temperatura centrale, per restare in equilibrio la stella deve aumentare la sua superficie di dissipazione. Quindi si espande, aumentando il suo raggio 200 o più volte, e questa dilatazione provoca una diminuzione della temperatura superficiale. Perciò il Sole, fra circa 5 miliardi di anni, quando nel suo centro si innescherà il bruciamento dell'elio, aumenterà il suo raggio dal valore attuale di circa 700.000 km fino a 140 milioni di km, e la sua superficie lambirà l'orbita della Terra e inghiottirà, eventualmente, il nostro pianeta. La temperatura, scesa a circa 3000 gradi, darà al Sole una colorazione rossastra: il Sole è diventato una «gigante rossa». La fase di gigante rossa, e le fasi successive dell'evoluzione del Sole e delle stelle di massa simile o più piccola, durano molto meno della prima fase. L'inviluppo rarefatto, che circonda il nocciolo della gigante rossa, andrà lentamente evaporando nello spazio interplanetario (tav. XIX). Vedremo dapprima il centro caldo e piccolo (una nana bianca), circondato da un inviluppo gassoso: è la fase di «nebulosa planetaria», così detta perché coi modesti telescopi del secolo XIX appariva come un dischetto simile a un pianeta, ma con cui non ha nessuna parentela. Quando tutto l'inviluppo sarà svanito, resterà la nana bianca, che non avendo altre forme di energia oltre al suo calore, andrà lentamente raffreddandosi, diventando sempre più debole. Potremo dire che la fine di queste stelle, di massa circa eguale o inferiore a quella del Sole, è una fine tranquilla, una specie di «morte nel proprio letto».

Al contrario, le stelle di massa molto superiore a quella del Sole muoiono di morte violenta. Dopo una serie di esaurimenti dei vari combustibili nucleari, contrazioni, riscaldamento del centro e innesco di altri combustibili, si arriva ad una fase in cui la temperatura centrale è di circa 10 miliardi di gradi, il nocciolo è composto di nuclei di ferro e nichel. In queste condizioni, la reazione possibile è la trasformazione di ferro in elio: un nucleo di ferro 56 dà luogo a 13 particelle alfa più 4 neutroni. Ma la differenza sostanziale dalle precedenti reazioni è che questa, invece di dare energia, ne assorbe. Al momento in cui avviene la reazione, il centro subisce un brusco raffreddamento, passando dalla temperatura di 10 miliardi di gradi a una di 100 milioni. Le particelle di gas non sono più in grado di equilibrare il peso della massa sovrastante, che collassa verso il centro.

Nelle parti più esterne, ancora ricche di idrogeno, di elio e di altri elementi capaci di dar luogo a reazioni nucleari produttrici di energia, il brusco riscaldamento causato dal collasso scatena tutta una serie di reazioni nucleari in grado di produrre tutti gli elementi che noi conosciamo sulla Terra. La stella non ha il tempo di espandersi gradualmente per aumentare la sua superficie di dissipazione, e quindi esplode scaraventando nello spazio circostante tutti i prodotti delle reazioni. Al centro, invece, si crea una stellina enormemente densa, con pochi chilometri di raggio e densità di circa un milione di miliardi di volte quella dell'acqua. In queste condizioni, protoni ed elettroni vengono – per così dire – incollati insieme a formare neutroni stabili: è nata una stella di neutroni.

Se la massa collassante è sufficientemente grande, nemmeno il gas di neutroni è in grado di arrestare il collasso e può formarsi un «buco nero», cioè una regione tanto piccola e contenente una massa tale che la velocità di fuga supererebbe quella della luce, per cui nemmeno la luce può uscirne.

La composizione chimica delle stelle si ricava dall'analisi degli spettri. Abbiamo visto che la legge di Kirchhoff dice che un gas assorbe quelle stesse radiazioni che è capace di emettere. D'altra parte, ogni gas ha un suo spettro caratteristico; quindi con-

Il diagramma Herzsprung-Russell e la relazione massa-luminosità

Eynar Herzsprung e Henry Norris Russell scoprirono nel 1912, indipendentemente l'uno dall'altro, una relazione che lega fra loro la temperatura superficiale e la magnitudine assoluta delle stelle. Questa relazione, nota come diagramma HR (dalle iniziali dei due scopritori), mostra che non tutte le coppie di valori di temperatura superficiale e magnitudine assoluta sono possibili. La relazione mostrata in figura (fig. 28) indica che la stragrande maggioranza delle stelle si trova su una retta, che va dalle più alte tempe-

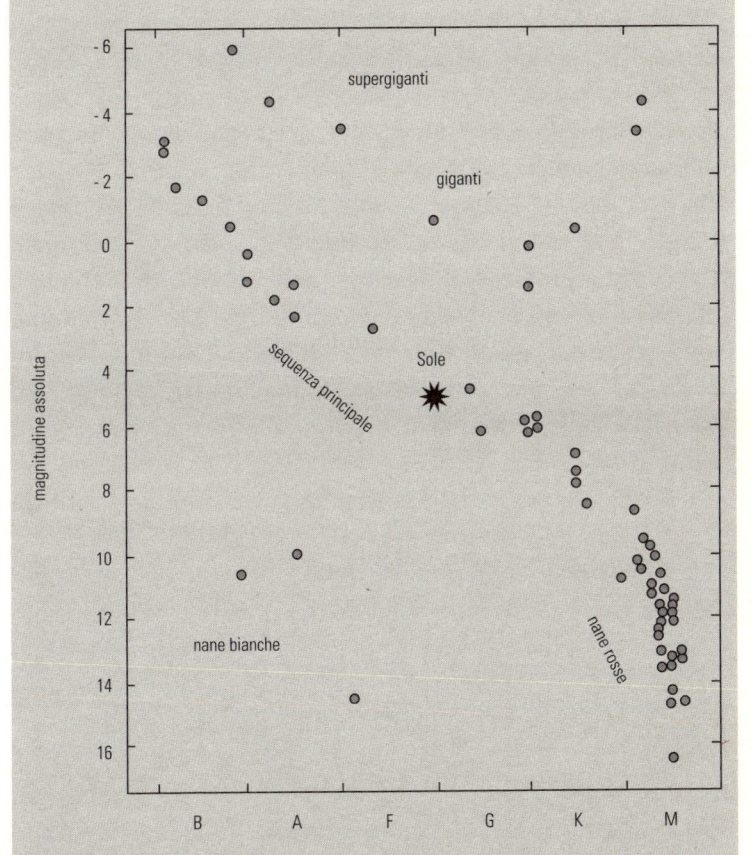

Figura 28. Il diagramma Hertzsprung-Russell ci dà la distribuzione delle stelle in funzione della loro luminosità (magnitudine assoluta) e della loro temperatura (tipo spettrale).

rature e più alte luminosità verso le basse temperature e basse luminosità, ed è stata chiamata «sequenza principale». Ci sono inoltre un addensamento di stelle 100 volte più luminose del Sole, e un altro, meno popolato, dove sono 10.000 volte più lucenti. Sono state chiamate «retta delle giganti» e «retta delle supergiganti» perché, a pari temperatura con le stelle della sequenza principale, per essere tanto più luminose devono avere superfici raggianti rispettivamente 100 e 10.000 volte maggiori, e cioè raggi 10 e 100 volte maggiori delle stelle di sequenza principale.

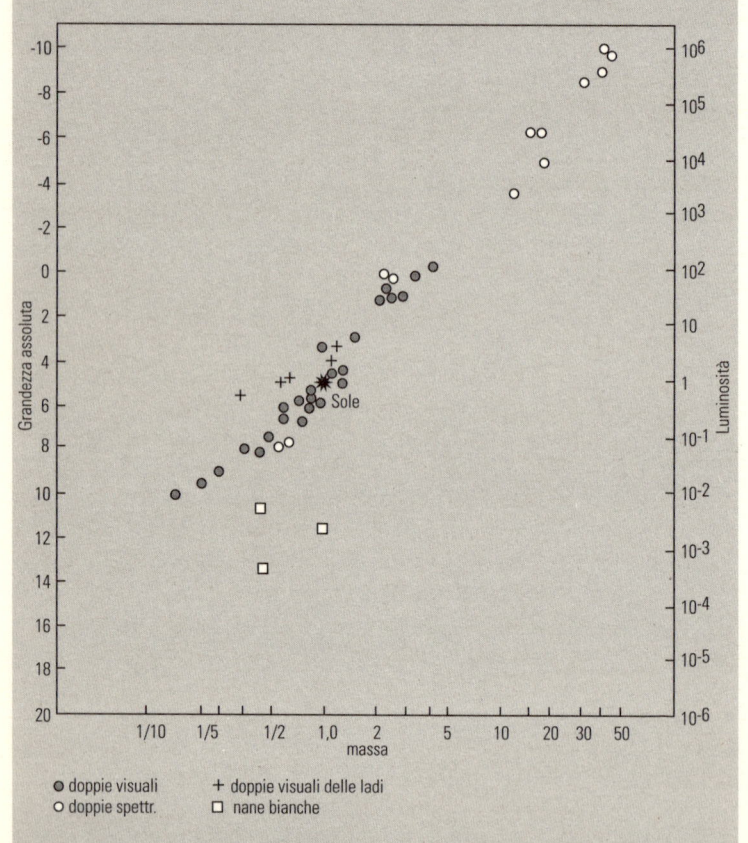

Figura 29. Relazione massa-luminosità. I dischetti in grigio indicano i valori ricavati da sistemi doppi visuali, i segni + quelli ricavati da sistemi doppi visuali membri dell'ammasso aperto delle Iadi, i circoletti quelli ricavati dalle doppie spettroscopiche, e i quadratini le nane bianche, che deviano dalla relazione, valida solo per le stelle non evolute, situate sulla sequenza principale del diagramma Herzsprung-Russell. Il Sole, unica stella singola di cui si conosce la massa, si piazza esattamente sopra la relazione.

C'è infine un piccolo gruppo di stelle di bassa luminosità e alta temperatura superficiale, le nane bianche. Un'altra relazione, predetta teoricamente da A.S. Eddington e confermata dalle osservazioni, è la massa-luminosità, che mostra come la luminosità cresce al crescere della massa; questo rapporto empirico afferma che la luminosità è proporzionale ad una potenza della massa, potenza che è uguale a circa 3 per le stelle più luminose e per le più deboli, e a circa 5 per quelle di luminosità intermedia (fig. 29).

Queste due relazioni sono state fondamentali per comprendere la struttura e l'evoluzione delle stelle. La relazione massa-luminosità si può capire in maniera intuitiva col seguente ragionamento. Quanto più grande è la massa, tanto maggiore deve essere la forza esercitata dalla pressione del gas al centro della stella per contrastare la forza di gravitazione, e mantenere la stella in equilibrio idrostatico. Poiché la pressione del gas è proporzionale alla temperatura, le stelle di massa maggiore avranno anche temperature centrali più alte; e giacché l'energia prodotta dalle reazioni nucleari cresce rapidamente al crescere della temperatura, le stelle di massa più grande produrranno molta più energia di quelle di massa minore. Per restare in equilibrio termico, devono dissipare nello spazio interstellare tutta l'energia prodotta, perciò dovranno avere una superficie di dissipazione tanto maggiore quanto maggiore è l'energia prodotta. Da queste considerazioni seguono le relazioni massa-luminosità e raggio-luminosità. Quest'ultima equivale ad una relazione fra luminosità e temperatura superficiale, perché la luminosità L, il raggio R e la temperatura superficiale T sono legate da una relazione (legge di Stefan-Boltzmann) che dice che L è proporzionale al prodotto della superficie raggiante (proporzionale a R^2) per l'energia irraggiata nell'unità di tempo (che è proporzionale alla quarta potenza della temperatura), e cioè

$L = 4\pi R^2 \sigma T^4$,

dove σ è la costante di Boltzmann.

La durata della vita di una stella di grande massa è molto più breve di quella delle stelle di piccola massa, come si può facilmente capire se si tiene presente che il «combustibile nucleare» di cui dispone una stella è proporzionale alla sua massa, mentre la dissipazione di energia raggiante è proporzionale alla luminosità.

Consideriamo, per esempio, una stella di massa 10 volte quella del Sole. La relazione massa-luminosità ci dice che essa è 10.000 volte più luminosa del Sole. Perciò, pur disponendo di combustibile nucleare in quantità 10 volte superiore, lo consumerà 10.000 volte più rapidamente del Sole. Di conseguenza, la durata della sua «vita» sarà 1000 volte più breve, ossia 10 milioni di anni. Nel caso opposto di una stella di massa 0,1 la massa del Sole, essa ha una luminosità circa un millesimo di quella solare e la sua di-

> sponibilità di combustibile nucleare durerà 100 volte di più, cioè 1000 miliardi di anni, un tempo molto più lungo dell'attuale età dell'universo. Dobbiamo dunque concludere che le stelle di grande massa sono sicuramente di formazione recente, mentre fra quelle di piccola massa ci sono stelle giovani e stelle di età paragonabile a quella dell'universo.

frontando lo spettro di righe scure, che solcano lo spettro continuo di una stella, con quelli dei vari elementi portati allo stato gassoso, ottenuti in laboratorio, potremo stabilire a quali elementi appartengono. Per esempio, lo spettro visibile dell'idrogeno consiste di una riga nel rosso, una nel verde-blu, una nel violetto; ce ne sono poi molte altre nell'ultravioletto e nell'infrarosso. Il ferro e i metalli in generale hanno spettri ricchissimi di righe lungo tutto lo spettro, il sodio ha le due forti righe nel giallo.

Poiché le stelle più calde, quelle bianco-azzurre, presentano come predominanti le righe dell'elio e dell'idrogeno, erano state chiamate «stelle a idrogeno», mentre quelle gialle come il Sole, il cui spettro è dominato dalle righe dei metalli e soprattutto del ferro, erano considerate stelle metalliche. Si riteneva cioè che alla differenza di colore, e quindi di temperatura, corrispondesse una differenza di composizione chimica. Poi, all'inizio del Novecento, si cominciò a capire che i gas emettono, o assorbono, determinate righe solo in certe condizioni di temperatura e densità. Nelle stelle più calde, con temperature superficiali anche di 30.000 gradi, l'idrogeno è completamente ionizzato, cioè ha perso il suo unico elettrone e non è più in grado di emettere o assorbire: le righe dell'idrogeno sono molto deboli o assenti, mentre sono ben visibili quelle dell'elio ionizzato una volta (che ha perso, cioè, uno dei suoi due elettroni). A temperature leggermente più basse, sui 20.000 gradi, si rafforzano le righe dell'idrogeno e quelle dell'elio neutro, mentre si indeboliscono quelle dell'elio ionizzato. A temperature di circa 10.000 gradi le righe dell'idrogeno raggiungono la loro massima intensità, mentre sono sparite le righe dell'elio neutro e sono debolmente presenti le righe dei metalli ionizzati. A temperature ancora più basse, 6000 gradi come sulla superficie del Sole, le righe dell'idrogeno sono notevolmente indebolite e si sono molto rafforzate quelle dei metalli. A temperature ancora più basse appaiono anche spettri di bande in assorbimento, dovute a semplici molecole biatomiche. Queste variazioni degli spettri di righe indicano che la presenza o l'assenza – nello spettro – delle righe di qualche elemento non comporta l'assenza dell'elemento stesso, ma significa solo che le condizioni fisiche sono tali da non permetterne l'apparizione. Le leggi che regolano l'eccitazione e la ionizzazione degli atomi sono dovute al fisico indiano Megh Nad Saha. La percentuale di atomi eccitati, rispetto a quelli nello stato fondamentale (di più bassa energia), è tanto maggiore quanto maggiore è l'energia disponibile per l'eccitazione (fornita dalla temperatura, sia sotto forma di energia raggiante che di urti da parte delle particelle del gas), e quanto minore è il potenziale di eccitazione (cioè l'energia necessaria per eccitare l'atomo).

La percentuale di atomi ionizzati è tanto più grande quanto maggiore è la temperatura e quanto minore è la densità di elettroni liberi (perché rende più difficile la ricattura dell'elettrone e quindi il ritorno allo stato neutro), e quanto più basso, inoltre, è il potenziale di ionizzazione (ossia l'energia necessaria per strappare uno o più elettroni al nucleo atomico).

La conoscenza delle leggi che regolano la capacità di assorbire radiazione, da parte degli atomi neutri e ionizzati, permette di calcolare anche le abbondanze percentuali dei vari elementi, e quindi di fare delle analisi chimiche quantitative. I risultati di queste analisi indicano che la composizione chimica delle stelle è molto uniforme: circa il 70% della massa è idrogeno, il 28% elio e solo il 2% è un miscuglio di tutti gli altri elementi. Fra questi i più abbondanti sono, nell'ordine, ossigeno, carbonio, azoto, neon, ferro e silicio. Potremo dire che l'universo è composto di idrogeno e di elio, con impurità, costituite da tutti gli altri elementi. Le differenze di composizione chimica riguardano queste impurità. Le stelle di più recente formazione sono più ricche di questi elementi che non le stelle più vecchie, di età 10 e più miliardi di anni. È evidente che gli elementi più pesanti di idrogeno e di elio vengono prevalentemente creati nelle reazioni nucleari che accompagnano la fine esplosiva delle stelle di grande massa (le *supernovae*), e vanno progressivamente ad arricchire le nubi, da cui si formeranno le stelle delle successive generazioni. Difatti, le stelle più vecchie e povere di metalli hanno un contenuto di ferro circa 100.000 volte inferiore a quello delle stelle più giovani, formatesi da meno di un miliardo di anni. Le stelle sono composte dagli stessi elementi che troviamo sulla Terra, e le percentuali degli elementi pesanti sono all'incirca le stesse. Gli elementi leggeri e volatili, invece, come l'elio e l'idrogeno libero, sono sfuggiti dalla Terra nello spazio interplanetario. L'idrogeno si trova ancora nei composti, mentre l'elio, che è un gas nobile, non forma composti ed è in gran parte volato via.

Giove, che ha una massa molto più grossa, presenta una composizione molto simile a quella delle stelle.

3. Le stelle variabili

La maggior parte delle stelle ha temperatura e splendore costanti, ma tutte, in una certa fase della loro vita, presentano delle variazioni luminose: queste avvengono o nella prima fase, quando la stella sta ancora contraendosi e non ha raggiunto la fase di equilibrio idrostatico, oppure nelle fasi che seguono quella più lunga e stabile, in cui la fonte d'energia è fornita dalla reazione idrogeno-elio. Le giganti rosse, per esempio, sono quasi sempre variabili.

Si chiamano *variabili regolari* quelle il cui splendore passa da un massimo a un minimo, con i massimi e i minimi che si ripetono secondo periodi costanti. Altre classi di variabili, dette *semiregolari*, mutano di splendore in modo semiregolare, con i massimi e i minimi che ricorrono, ma non esattamente. Poi troviamo quelle completamente *irregolari*.

La classe più interessante di variabili regolari è quella delle Cefeidi. Il nome deriva dalla prima stella che fu scoperta appartenere a questo tipo, la Delta Cephei, cioè la quarta come splendore (delta è la quarta lettera dell'alfabeto greco) della costellazione del Cefeo. Le Cefeidi sono variabili estremamente regolari; la durata del periodo, lo splendore al massimo e al minimo e la forma della curva di variazione luminosa (detta curva di luce), si mantengono inalterati per migliaia di anni. I periodi delle Cefeidi sono compresi fra 1 e 50 giorni, seguendo una relazione ben definita fra la lunghezza del periodo e lo splendore assoluto. Questa relazione è stata scoperta da un'astronoma americana, Henrietta Leavitt (1868-1921), la quale, studiando le Cefeidi nella Piccola nube di Magellano, si accorse che quelle più splendenti avevano un periodo più lungo. Ciò che Henrietta Leavitt osservava era naturalmente lo splendore apparente e non lo splendore intrinseco. Poiché le dimensioni della Nube sono piccole rispetto alla distanza della Nube da noi, si poteva ammettere che fossero praticamente tutte alla stessa distanza, e quindi che lo splendore apparente differisse da quello assoluto per una costante. Una volta determinata la distanza di una sola Cefeide, quindi il suo splendore assoluto, avremmo potuto ottenere la relazione periodo-luminosità. Utilizzando alcune delle Cefeidi galattiche più vicine, è stato possibile trovare la distanza e quindi passare dallo splendore apparente allo splendore assoluto (fig. 30).

L'importanza di questa relazione è evidente: se osserviamo le variazioni luminose di una o più Cefeidi appartenenti ad altre galassie, o a famiglie di stelle galattiche come gli «ammassi», misurando semplicemente il periodo di variazione possiamo risalire allo splendore assoluto tramite la relazione periodo-luminosità; e dalla misura dello splendore apparente si può calcolare la distanza della galassia o dell'ammasso.

Le Cefeidi con periodo inferiore ad un giorno – chiamate anche RR Lyrae, dal nome della prima stella di questa classe ad essere scoperta – hanno tutte circa lo stesso splendore assoluto, più o meno 100 volte quello del Sole, o magnitudine assoluta zero. Le Cefeidi con periodo più lungo, circa 50 giorni, hanno uno splendore assoluto 10.000 volte quello del Sole, o magnitudine assoluta –5.

Le variabili semiregolari e le variabili a lungo periodo, con periodi superiori a 50 giorni, e che ammontano anche a qualche anno, si possono considerare come un prolungamento della classe delle Cefeidi, ma con variazioni molto meno regolari. Tutte sono dette variabili pulsanti, perché la variazione luminosa è dovuta ad oscillazioni più o meno regolari delle parti più esterne della stella, accompagnate da variazioni della tempera-

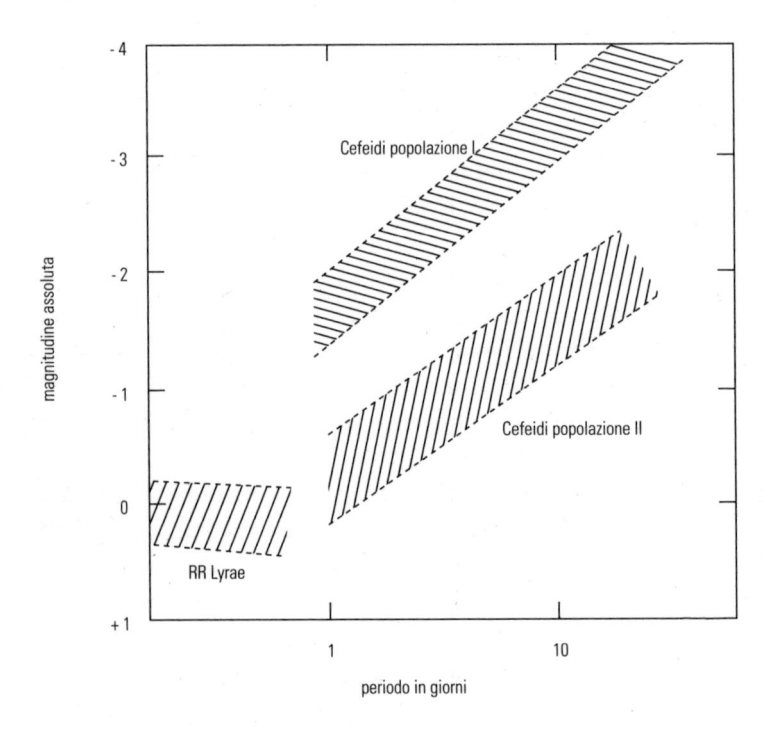

Figura 30. Relazione periodo-luminosità per le Cefeidi. Le Cefeidi di popolazione giovane (popolazione I) giacenti sul disco galattico obbediscono a una relazione diversa da quella per le Cefeidi più vecchie (popolazione II o dell'alone) a cui appartengono anche le Cefeidi con periodo minore di un giorno, dette anche RR Lyrae. L'ignoranza dell'esistenza di due relazioni distinte aveva in passato causato grossi errori nella determinazione delle distanze extragalattiche.

tura superficiale. Associato alla lunghezza del periodo c'è anche il tipo spettrale. Le RR Lyrae sono tutte di tipo A0, con temperatura superficiale di circa 10.000 gradi, e di colore bianco. All'aumentare dello splendore e della lunghezza del periodo, il tipo spettrale si sposta verso F, G, K. Le semiregolari e le variabili a lungo periodo sono generalmente giganti e supergiganti di tipo M.

Poiché, come abbiamo visto, lo splendore assoluto è dato dal prodotto della superficie raggiante per la quantità di energia irraggiata per unità di superficie, la quale a sua volta è proporzionale alla quarta potenza della temperatura superficiale, le variabili di più lungo periodo, avendo temperature più basse, devono avere superfici raggianti e quindi raggi maggiori.

Oltre alle stelle pulsanti, regolari o semiregolari, o anche irregolari, caratterizzate da variazioni di luce relativamente piccole, abbiamo la classe delle *variabili esplosive*. Di questa classe fanno parte le stelle *novae*, le *supernovae*, le *novae nane* e le *stelle simbiotiche*.

Nelle variabili esplosive, la variazione dipende da cause completamente diverse: a un certo imprevedibile momento della loro evoluzione, si verificano delle instabilità che provocano esplosioni più o meno violente. Fra queste, una classe è quella delle stelle *novae*, chiamate così nell'antichità quando si vedeva apparire una stella dove prima non si vedeva niente. Oggi si sa che queste stelle novae sono tutte stelle doppie, formate da una debole stella nana rossa (non evoluta, con temperatura superficiale di 3000 gradi e splendore assoluto da qualche migliaio a 10.000 volte più debole di quello solare) e una nana bianca (molto evoluta, senza più fonti di energia nucleare). Le due stelle sono molto vicine, quasi a contatto.

Nelle nane bianche – a causa della loro grande densità media, più di un milione di volte la densità dell'acqua – il gas si trova in uno stato detto «degenerato», molto diverso dallo stato del gas nelle stelle non evolute, in cui si comporta da gas «perfetto», tale cioè che il volume medio fra una particella e l'altra è molto maggiore del volume occupato da una singola particella. Il gas degenerato ha la proprietà di comportarsi come un metallo, e quindi di essere un buon conduttore di calore, a differenza dei gas non degenerati, pessimi conduttori.

La temperatura al centro, in conseguenza delle reazioni nucleari, è di circa 10 milioni di gradi e si mantiene alta per miliardi di anni, anche quando il combustibile nucleare è esaurito. A causa dell'alta conduttività del gas degenerato, la temperatura ha circa lo stesso valore anche in superficie, come avverrebbe in una sfera di metallo; solo un sottile strato superficiale, dove il gas non è più degenerato, ha temperature di qualche decina di migliaia di gradi.

Data la vicinanza delle due stelle, la nana bianca, così compatta, esercita una forte attrazione gravitazionale sull'altra, ne risucchia materia ricca d'idrogeno in grado di dare luogo a reazioni nucleari. Quando questo gas viene a contatto con la materia della nana bianca, a circa 10 milioni di gradi, si scatenano improvvisamente reazioni nucleari che provocano un brusco aumento di splendore del sistema della stella doppia. Poiché il sistema è sempre troppo lontano, e le due stelle troppo vicine fra loro, è impossibile vederle separate. Ciò che osserviamo è un aumento di splendore di 1000-10.000 volte nel giro di giorni, o mesi.

Nelle novae dette «rapide» l'aumento di splendore è molto veloce, un giorno o due, e il ritorno al minimo impiega settimane, o qualche mese; mentre nelle novae «lente» la salita al massimo può impiegare anche qualche mese e la discesa al minimo anche degli anni.

Che si tratti di un fenomeno esplosivo lo si vede dallo spettro, dove si osservano righe in assorbimento fortemente spostate verso il violetto, circondate da componenti brillanti. Ciò indica la presenza di nubi di gas rarefatto che si stanno avvicinando all'osservatore, a velocità di parecchie centinaia o un migliaio di km/s. La nube circonda più o meno tutta la stella. La parte che si proietta sulla stella dà luogo all'assorbimento, mentre le componenti brillanti indicano che la nube è molto più estesa della superficie della stella, e quindi il suo splendore supera quello stellare, dando luogo appunto alle righe di emissione.

Fra le supernovae occorre distinguere due classi. Le supernovae di tipo I, che si ritiene subiscano un processo simile a quello delle novae, ma più violento. Anch'esse sono stelle doppie, composte di una nana rossa e di una nana bianca, ma di massa maggiore di quelle che danno origine alle novae, e cioè 1,4 masse solari, che è la massima quantità di materia che un gas degenerato è in grado di sopportare. Le supernovae di tipo II sono spiegate da un meccanismo diverso: come abbiamo visto (p. 112) sono stelle di grande massa, 8, 10 o più volte la massa del Sole, in una fase molto avanzata dell'evoluzione.

Mentre l'implosione riscalda tanto l'inviluppo più esterno da provocarne l'esplosione, essa comprime tanto il gas al centro da dar luogo a una stella di neutroni, così densa che protoni ed elettroni stanno conficcati insieme a formare neutroni, con una densità dell'ordine di un milione di miliardi di volte la densità dell'acqua. Le stelle di neutroni hanno diametri molto piccoli, di una decina di km. Nella compressione, la velocità di rotazione della stella di neutroni aumenta (per la conservazione del momento angolare, così come una ballerina che quando allarga le braccia ruota più lentamente, mentre quando si rannicchia su se stessa, ruota più rapidamente).

Le *pulsar* sono stelle di neutroni in cui l'asse di rotazione e l'asse di campo magnetico sono inclinati l'uno rispetto all'altro; a causa della rotazione noi vediamo periodicamente uno dei poli magnetici. Dai poli sfuggono gli elettroni liberi ancora presenti alla superficie della stella, che muovendosi lungo le linee di forza del campo emettono un tipo di radiazione detto «radiazione sincrotrone», perché ha le stesse origini di quella che si osserva nei sincrotroni.

Queste stelle hanno campi magnetici di miliardi di gauss, e quando la stella di neutroni ruota, tutte le volte che noi vediamo il polo magnetico – diretto verso di noi – si osserva una

Stelle variabili e stelle binarie

Riassumendo quanto abbiamo detto, le stelle variabili si dividono in due grandi classi: variabili pulsanti e variabili esplosive. Le variabili pulsanti si dividono in varie classi. Fra le variabili regolari abbiamo le Beta Cephei o Beta Canis Maioris, le RR Lyrae e le Cefeidi. Le Beta Cephei o Beta Canis Maioris hanno tipi spettrali B0-B5 – nel diagramma HR sono situate poco sopra la sequenza principale – e variazioni di luce di ampiezza molto piccola, inferiore al decimo di magnitudine. Sono stelle giovani, situate sul piano galattico, appartenenti cioè a quella che è detta «popolazione I». Le RR Lyrae, di tipo spettrale A0 e magnitudine intorno a zero, sono dette anche «variabili degli ammassi», perché sono numerose negli ammassi globulari. Si tratta di stelle vecchie, popolazione tipica dell'alone galattico, detta anche «popolazione II». Le Cefeidi si dividono in due gruppi: le Cefeidi di popolazione I, situate sul piano galattico, e le Cefeidi di popolazione II, distribuite nell'alone (grande volume sferoidale che circonda il piano galattico). Le due classi di Cefeidi hanno due distinte relazioni periodo-luminosità: a parità di periodo, le Cefeidi di popolazione I sono circa due magnitudini più luminose di quelle di popolazione II (vedi fig. 30).

Le variabili semiregolari includono le RV Tauri, di tipi G, K, le semiregolari e le variabili a lungo periodo di tipi K, M, S, appartenenti sia alla popolazione I che alla popolazione II, e periodi compresi fra una cinquantina di giorni e qualche anno.

Le variabili esplosive comprendono le T Tauri, stelle molto giovani appena formate, di tipi G, K; le stelle novae e le stelle novae nane sono sistemi binari formati da una nana rossa e da una nana bianca. Si ritiene che appartengano ad una stessa classe: le novae nane sono soggette a esplosioni che provocano moderati aumenti di splendore – da due a tre magnitudini – con una certa regolarità. Le novae potrebbero essere novae nane che a distanza di decenni (novae ricorrenti), o addirittura di secoli, vanno soggette

forte emissione di onde radio, dovuta al fatto che gli elettroni liberi sulla superficie della stella, muovendosi lungo le linee di forza del campo magnetico, sfuggono verso l'osservatore dando luogo all'emissione radio. Questi impulsi radio avvengono con periodi molto regolari che vanno – a seconda della velocità di rotazione – da qualche secondo a qualche frazione di secondo, ad esplosioni violente con aumenti di splendore di parecchie magnitudini. Infine, abbiamo le supernovae di tipo I, le cui esplosioni si ritiene siano dovute ad un meccanismo analogo a quello delle novae, e le supernovae di tipo II, dove le deflagrazioni sono dovute alla reazione ferro-elio. Infine le ipernovae si ritiene siano super-supernovae, causa dei lampi gamma.

Fra le stelle binarie – coppie di stelle orbitanti attorno al comune baricentro – abbiamo le variabili a eclisse, le binarie spettroscopiche e le binarie visuali.

Le binarie visuali sono coppie di stelle abbastanza vicine a noi e molto distanti fra loro, tanto che è possibile vedere le due componenti e misurarne gli spostamenti sulla volta celeste, dovuti al loro moto orbitale. Conoscendo la loro distanza e l'orbita, è possibile determinarne le masse – sono, infatti, le uniche stelle per cui è possibile una misura diretta della massa. I periodi orbitali sono sempre molto lunghi, decine o centinaia d'anni.

Le binarie spettroscopiche sono coppie di stelle molto lontane da noi e vicine fra loro, cosicché noi vediamo un'unica stella. La loro binarietà è svelata dall'osservazione spettroscopica. Le righe spettrali si spostano periodicamente verso il violetto o verso il rosso, a seconda che le due componenti si avvicinino o si allontanino da noi a causa del moto orbitale. Se le due stelle sono di splendore paragonabile vedremo le righe sdoppiarsi, quando una componente si avvicina e l'altra si allontana. Più spesso, però, una componente è molto più debole dell'altra; in questo caso si osserva solo lo spettro della più brillante. Se il piano orbitale contiene la nostra visuale, ogni volta che le due stelle vengono a trovarsi allineate con l'osservatore avremo un'eclisse dell'una ad opera dell'altra. Dalla diminuzione di luce e dalla durata dei due eclissi si possono ricavare i raggi e le luminosità relative delle due stelle. Questi sistemi sono detti *binarie ad eclisse*. La probabilità di osservare l'eclisse è tanto maggiore quanto più vicine sono fra loro le due stelle. Perciò i periodi delle binarie ad eclisse sono generalmente brevi, da poche ore a decine di giorni. La variabile spettroscopica e ad eclisse col periodo più lungo che si conosca – circa 27 anni – è Epsilon Aurigae, seguita da VV Cephei, con periodo di circa 20 anni.

e anche qualche centesimo: dunque, girano vorticosamente. Che abbiano una densità enorme lo si deduce dal fatto che sono stabili, la materia è così compatta, che malgrado questa forte velocità di rotazione, la forza gravitazionale, che tiene insieme la stella, è più forte della forza centrifuga, che tenderebbe a romperla.

CAPITOLO 4
LA GALASSIA E L'UNIVERSO EXTRAGALATTICO

1. La nostra galassia

L'universo ha una struttura gerarchica, nella quale le stelle sono raggruppate in grandi famiglie stellari chiamate *galassie*. Le galassie a loro volta sono raggruppate in altre famiglie, che possono essere piccoli gruppi di galassie o grandi famiglie, chiamati *ammassi di galassie*. Questi a loro volta possono essere raggruppati in *superammassi*. La nostra galassia, la Via Lattea, è una grande famiglia di stelle, 400 miliardi circa, distribuite su un disco. Il diametro della nostra galassia è circa 100.000 anniluce (cioè la luce impiega 100.000 anni per andare da un'estremità all'altra), e lo spessore del disco – alla distanza dal centro a cui si trova il Sole (circa 27.000 anniluce) – è di appena 2000 anniluce. La Via Lattea è simile ad un disco piatto con un rigonfiamento al centro, il cui spessore è di circa 15.000 anniluce: se guardata di taglio, assomiglia a un fuso, mentre vista frontalmente ricorda un'enorme ruota dal cui centro escono le braccia a spirale (fig. 31).

La materia non è distribuita uniformemente sull'intero disco, o equatore galattico. Sulle braccia a spirale, che partono dal centro e da lì si diramano, sono addensate le stelle più giovani e una grande quantità di materia interstellare (gas diffuso, nubi di gas e polveri). Le polveri sono minuscole particelle solide, di diametro inferiore al millesimo di millimetro, formate da grafite, ghiaccio, silicati e ferro. Fra un braccio a spirale e l'altro le polveri sono meno abbondanti e si trovano le stelle meno giovani. Il disco è inviluppato in un alone sferico, in cui mancano quasi completamente il gas interstellare e le polveri, mentre vi si trovano le stelle più vecchie, di età paragonabile a quella dell'intera galassia, 12-13 miliardi di anni: sono le stelle della prima generazione, isolate o raggruppate in ammassi globulari (così detti perché a forma di globo), contenenti da 100.000 a 500.000 stelle fittamente addensate.

Che il Sole si trovi in posizione periferica fu scoperto nel 1918 da Harlow Shapley. Tanto William Herschel che Kapteyn immaginavano il Sole al centro della Via Lattea, perché i loro conteggi stellari mostravano che le stelle erano distribuite uniformemente sul piano galattico, in tutte le direzioni attorno al Sole. Shapley si dedicò invece a studiare la distribuzione di quelle famiglie di stelle chiamate «ammassi globulari», che si trovano nell'alone galattico. Egli notò che il numero di ammassi cresceva in direzione della costellazione del Sagittario, e dedusse che là doveva trovarsi il centro della Via Lattea. Poiché negli ammassi globulari si trovano numerose stelle variabili del

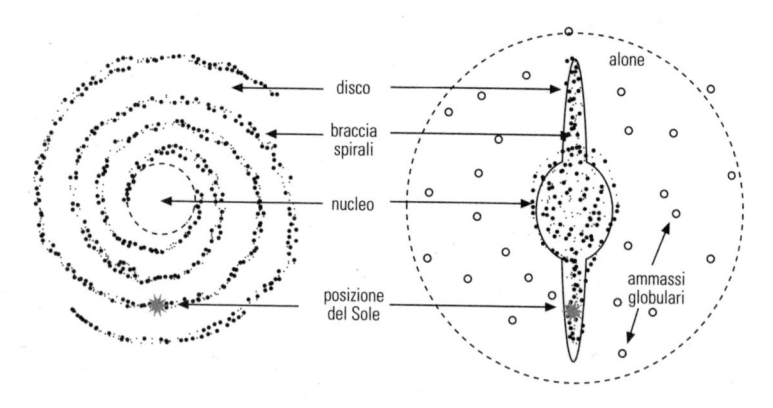

Figura 31. Schema della Via Lattea vista di taglio (a destra) e vista di fronte.

tipo RR Lyrae, il cui splendore intrinseco è noto, misurando lo splendore apparente ne determinò la distanza, che trovò pari a circa 50.000 anniluce. Egli, però, ignorava la presenza delle polveri interstellari che affievoliscono la luce delle stelle lontane e le fanno apparire più deboli, e quindi più distanti. La scoperta della presenza delle polveri, ad opera dell'astronomo svizzero Trumpler, portò a ridimensionare questa misura della distanza, che oggi è stimata pari a 27.000 anniluce.

Sul piano galattico si trovano gli «ammassi aperti» (fig. 32), così chiamati perché le stelle che ne fanno parte sono molto più distanti l'una dall'altra che non negli ammassi globulari, e i membri ammontano soltanto a qualche centinaio di stelle.

La galassia è quindi composta da stelle di varie età e generazioni, da materia interstellare diffusa, la cui densità è inferiore ad un atomo di idrogeno per cm cubo, e da nubi in cui sono addensati gas e polveri, con densità da qualche centinaio a qualche migliaio di volte quella del mezzo interstellare diffuso. Queste stelle ruotano intorno al centro galattico; il Sole, per esempio, impiega 250 milioni di anni a compiere tutto il giro, e le stelle vicine ruotano di conserva col Sole.

La presenza del gas interstellare fu scoperta da G. Hartmann nel 1904. Osservando lo spettro di una stella doppia – Delta Orionis – notò che mentre le righe spettrali si spostavano alternativamente verso il rosso o il violetto, per effetto Doppler dovuto al moto della stella attorno al baricentro del sistema, le forti righe H e K del calcio ionizzato non partecipavano a questo spostamento. Le chiamò «righe stazionarie» e spiegò il loro strano comportamento arguendo che fossero formate non nell'atmosfera della stella, ma nel gas frapposto fra la stella e l'osservatore.

Più difficile era scoprire la presenza delle polveri, le quali non danno righe di assorbimento, ma diffondono la luce stellare in tutte le direzioni, cosicché quella in direzione dell'osservatore viene affievolita, tanto più quanto maggiore è l'entità di polvere incontrata. Poiché la luce violetta risulta molto più diffusa della luce rossa, il risultato è un «arrossamento» della luce stellare; perciò una stella di tipo O o B arrossata avrà uno spettro di righe indicante un'alta temperatura superficiale, ma uno

Figura 32. Il giovane ammasso aperto delle Pleiadi. Le stelle sono ancora avvolte dall'involucro di gas da cui si sono formate.

spettro continuo che a causa dell'arrossamento simula una temperatura molto più bassa. Inoltre, le polveri producono un massimo di diffusione nell'ultravioletto, osservabile solo da satelliti, alla lunghezza d'onda di circa 2180 angstrom (1 angstrom è pari a 10^{-8} cm).

Stelle, ammassi e mezzo interstellare non sono i soli componenti della galassia. Anzi, la maggior parte della materia che la compone resta ancora misteriosa: la «materia oscura». Della sua esistenza aveva già sospettato, negli anni Trenta, l'astronomo svizzero Fritz Zwicky (1898-1974), un personaggio che aveva precorso molte delle scoperte fatte in seguito, ma che non era mai stato preso troppo sul serio dalla comunità scientifica per il carattere irruente e poco diplomatico – cosa che gli procurò molti nemici.

Ecco come ci si può rendere conto dell'esistenza della materia oscura. Se misuriamo la massa della galassia, facendo un censimento delle stelle la cui massa è stimabile grazie alla relazione fra massa e splendore intrinseco, troviamo un valore che chiameremo «massa visibile», grosso modo pari a circa 150 miliardi di volte la massa del Sole. Se si utilizza lo stesso metodo impiegato nel sistema solare per determinare la massa del Sole (eguaglianza fra forza di gravitazione che il Sole esercita su un pianeta, e forza centrifuga del pianeta nella sua orbita), e cioè se misuriamo la velocità di rivoluzione attorno al centro galattico degli oggetti più periferici, come le nubi di monossido di carbonio, abbiamo una massa da 7 a 10 volte maggiore di quella visibile. La relazione è la seguente:

$GMm/r^2 = mv^2/r$ da cui $M = v^2r/G$

dove G sta per la costante di gravitazione, v per la velocità di rivoluzione dell'oggetto di massa m, e M per massa della galassia contenuta entro l'orbita dell'oggetto considerato.

Tramite osservazioni radio a microonde, si trova che la velocità di rivoluzione delle nubi è troppo alta e dovrebbero, per conseguenza, sfuggire dalla galassia. La massa totale della galassia misurata con questo metodo è perciò detta anche «massa gravitazionale». Esiste quindi una grande quantità di materia che si fa sentire gravitazionalmente, ma non emette nessun tipo di onde elettromagnetiche. Non sappiamo bene cosa sia; in piccola parte potrebbero contribuire stelle molto deboli ma dotate di massa pari a circa un decimo di quella solare, e anche pianeti grossi come e più di Giove, o le cosiddette nane brune, corpi intermedi fra i pianeti più grossi e le stelle più piccole, ma ce ne vorrebbe un numero straordinariamente alto. Inoltre, ci sono delle ragioni legate a reazioni nucleari avvenute nell'universo primordiale, e di cui parleremo alla fine del paragrafo «L'età dell'universo» (p. 143), che lo impediscono. Potrebbero essere particelle elementari che non emettono radiazioni. Un esempio di questo tipo di particelle, e l'unico effettivamente osservato, sono i neutrini. Essi sono molto abbondanti nell'universo, e prodotti in gran quantità durante le reazioni nucleari che avvengono nell'interno delle stelle. La loro massa, però, è così piccola – meno di un centomillesimo della massa dell'elettrone – che non è stato ancora possibile misurarla. A causa della loro minuscola massa, essi si muovono a velocità prossime a quella della luce, e perciò sfuggono continuamente all'attrazione gravitazionale della galassia.

Si suppone che nell'universo primordiale ci fossero delle particelle elementari di massa maggiore, che potrebbero spiegare la materia oscura. Nessuno le ha mai osservate finora, anche se ci sono indizi, a tutt'oggi molto incerti, che una di queste sia stata rivelata dalle apparecchiature poste nel laboratorio sotto il Gran Sasso: si chiama *neutralino* e avrebbe una massa 50 volte quella del protone. La caccia prosegue e vedremo se questo primo avvistamento sarà o meno confermato.

Al centro della galassia c'è una forte sorgente di radioonde, nota col nome di Sagittarius A. In realtà si tratta di varie sorgenti, sia radio che infrarosse e di raggi X. Si suppone che al centro della nostra galassia, come pure al centro di molte e forse tutte le galassie, si trovi un buco nero di massa eguale a parecchi milioni di masse solari.

La nostra galassia è accompagnata da due galassie minori: sono le due nubi di Magellano (fu lui il primo a descriverle in modo dettagliato nel 1519, quando circumnavigò il continente africano). A occhio nudo appaiono come due estese macchie luminose. La Grande e la Piccola Nube sono come due satelliti della Via Lattea; hanno rispettivamente una massa di circa dieci miliardi e un miliardo di masse solari. In base alla loro forma erano state classificate come «irregolari», ma le osservazioni più recenti hanno indicato la presenza di un braccio a spirale appena accennato. Esse sono molto vicine in scala galattica, perché a meno di 200.000 anniluce.

Una galassia simile alla nostra è quella di Andromeda, a due milioni di anniluce di distanza, accompagnata anch'essa da due satelliti, due piccole galassie ellittiche. La Via Lattea, la galassia di Andromeda e quella del Triangolo sono 3 galassie giganti, tutte e tre spirali che, insieme a una ventina di piccole galassie per lo più ellittiche, formano il gruppo locale. Le galassie del gruppo locale si trovano a distanze, da noi, fra 2 e 3 milioni di anniluce. L'ammasso più vicino al gruppo locale è il grande ammasso della Vergine, contenente almeno 2500 galassie. La sua distanza è ancora incerta, stimata a 50 milioni circa di anniluce da noi.

2. L'universo extragalattico

Verso il 1920 alcuni astronomi, fra cui Harlow Shapley, ritenevano che la nostra Via Lattea riempisse tutto l'universo; altri pensavano che certe nebulose, simili alle nubi della nostra galassia come la nebulosa di Orione, fossero in realtà degli ammassi di stelle e nubi come la Via Lattea.

L'astronomo americano Edwin Hubble (1889-1953) si propose di risolvere il problema della natura delle nebulose; per far ciò – grazie alla disponibilità del telescopio da 2,50 metri di Monte Wilson, allora il più grande telescopio moderno – ottenne una serie sistematica di immagini e di spettri di nebulose.

Tipi di galassie

Le galassie differiscono le une dalle altre sia per forma che per massa. Le più piccole contengono un centinaio di milioni di stelle, mentre le più grandi comprendono anche un migliaio di miliardi di stelle. Le galassie si dividono, a seconda della loro forma, in galassie ellittiche (tav. XX), galassie spirali – sia normali che sbarrate – e galassie irregolari. Le galassie ellittiche non contengono – o ne contengono pochissima – materia interstellare e sono popolate da stelle di antica formazione. Ciò indica che in esse non ha più luogo la formazione di nuove stelle.

Le galassie spirali (tavv. XXI-XXIII) e le irregolari contengono invece materia interstellare sotto forma di gas diffuso e di nubi, e stelle sia di antica che di recente formazione. Le galassie spirali sbarrate (tav. XXIV) si distinguono dalle spirali normali perché il nucleo centrale è traversato da una specie di sbarra, dalle cui estremità si dipartono i bracci. Nelle galassie spirali normali, invece, i bracci partono direttamente dal nucleo. Le galassie irregolari non hanno né il disco, né l'alone, né il rigonfiamento centrale, e sono generalmente molto ricche di materia interstellare. Le diverse forme dipendono probabilmente dalla velocità di rotazione della grande nube da cui si sono formate e dalla velocità di turbolenza del gas entro la nube, e forse anche dall'intensità del campo magnetico. Comunque non è ancora ben compreso il modo con cui si formano i diversi tipi di galassie (tav. XXV).

Una classe importante di galassie è quella indicata dalla sigla AGN, ovvero Active Galactic Nuclei, galassie con nuclei attivi. Si tratta di galassie il cui spettro contiene numerose e intense righe di emissione, indice di ab-

Poiché gli spettri delle nubi di gas sono caratterizzati dalla presenza di sole righe brillanti, mentre gli spettri delle stelle sono caratterizzati da uno spettro continuo solcato da righe scure, l'esame degli spettri avrebbe permesso di scoprire la vera natura delle nebulose. Il risultato della ricerca fu che gli spettri di molte nebulose, caratterizzate da una struttura a spirale, erano spettri continui solcati da righe scure, oltre a delle righe brillanti, indicanti che erano composte sia di stelle che di nubi e quindi in tutto simili alla Via Lattea.

Si cominciò a capire che l'universo è composto da grandi famiglie di stelle come la Via Lattea, le quali dapprima furono chiamate «nebulose extragalattiche», «universi isole» e infine

> bondante gas eccitato e ionizzato. Fra di esse, le più attive sono i QSO (Quasi Stellar Objects, o oggetti quasi stellari), nuclei centrali di lontane galassie, molto più splendenti dei nuclei delle galassie normali, e di dimensioni molto piccole, inferiori all'annoluce e in qualche caso con diametri di poche oreluce. Si ritiene che si tratti di buchi neri che attirano gravitazionalmente la materia che gli orbita attorno. Questa, per attrito, si riscalda fino a milioni di gradi e prima di sparire dentro il buco nero emette radiazioni gamma, X, ultravioletta, ottica e anche radio.
>
> In realtà i QSO si dividono in due classi: le quasar o radiosorgenti quasi stellari, che emettono radioonde, e i QSO non radioemittenti, che sono la maggioranza. Poiché i QSO sono tutti molto lontani, a parecchi miliardi di anniluce, e quindi appaiono com'erano miliardi di anni fa, si ritiene che rappresentino i progenitori delle radiogalassie e delle galassie di Seyfert, che pure fanno parte della classe AGN, ma con fenomeni di attività meno intensi dei QSO.
>
> I progenitori delle galassie normali, come la Via Lattea o la galassia di Andromeda, sono probabilmente galassie lontane, a 8 o 10 o più miliardi di anniluce e quindi viste come erano 8 o 10 o più miliardi di anni fa. Sono state osservate dal telescopio spaziale HST con esposizioni durate più di 10 giorni. Per ora sono state esplorate due piccole zone di cielo, una nell'emisfero boreale e una in quello australe, ciascuna di appena 2,5 primi d'arco (circa 1/12 del diametro lunare). In generale si tratta di galassie più piccole di quelle che vediamo vicine a noi, e cioè a qualche decina di milioni di anniluce, la qual cosa farebbe supporre che le piccole galassie si mescolino fra loro formando galassie più grandi.

«galassie». Si scoprì, inoltre, l'esistenza di vari tipi di galassie caratterizzati da forme diverse.

Come spesso succede nelle ricerche scientifiche, mentre si ambisce a rispondere a un certo problema si scopre anche qualcos'altro. Infatti, appurata la natura delle «nebulose», Hubble ebbe la sorpresa di vedere che le righe spettrali erano sistematicamente spostate verso il rosso, e lo spostamento era tanto maggiore quanto più grande era la distanza della galassia considerata.

Misurare la lontananza delle galassie è impresa complicata. Esistono vari metodi: uno consiste nell'ammettere che certe stelle variabili, per esempio le Cefeidi, abbiano le stesse proprietà fisiche di quelle presenti nella nostra Via Lattea e di cui si conosce la distanza. Per conseguenza, lo splendore intrinseco è noto tramite la relazione periodo-luminosità scoperta da Henrietta Leavitt. Misurando lo splendore apparente, e ammettendo noto lo splendore intrinseco, si ricava la distanza.

Questo metodo è applicabile alle galassie relativamente vicine, in cui si scorgono le singole stelle; ma le galassie molto lontane appaiono come macchioline indistinte e non si scorgono le singole stelle. In questo caso occorre ricorrere a metodi statistici. Per esempio, si ipotizza che tutte le galassie a spirale o tutte le galassie ellittiche abbiano in media lo stesso splendore intrinseco, e quindi quanto più deboli appaiono, tanto maggiore deve essere la loro distanza.

La scoperta di Hubble mostrava che tutte le galassie si stanno allontanando. Solo alcune del gruppo locale hanno anche spostamenti verso il violetto, e ciò indica un loro avvicinamento. Queste osservazioni non fanno supporre che tutte le galassie si stiano allontanando da noi, quanto piuttosto che è lo spazio stesso a espandersi e a trascinarsi dietro le galassie. Si può fare un'analogia con la pasta di un dolce che sta lievitando: se nella pasta sono immersi dei canditi, via via che la pasta si gonfia tutti i canditi si allontanano l'uno dall'altro; ma non sono i canditi a muoversi. Dobbiamo dunque immaginare lo spazio non come un inerte contenitore di galassie, ma come un mezzo dotato di energia che lo fa espandere.

Solo le galassie del gruppo locale fanno eccezione, perché entro il gruppo prevale la forza di gravitazione e le velocità osservate sono quelle di rivoluzione attorno al baricentro del gruppo. Lo stesso vale per le galassie e gli ammassi di galassie: una galassia non si espande, in essa prevale la forza di gravità che tiene insieme stelle e materia interstellare. Così gli ammassi di galassie non si espandono: sono tenuti insieme dalla forza di gravità.

3. Modelli sulla nascita dell'universo

La grande scoperta di Hubble, nel 1929, fu dunque che l'universo è in espansione. Allora si può immaginare di fare il cammino a ritroso. Arriva un momento in cui tutto l'universo che osserviamo oggi doveva essere concentrato praticamente in un punto. La teoria ci dice che doveva avere dimensioni inferiori a quelle delle più piccole particelle elementari; perciò temperatura e densità dovevano essere straordinariamente grandi.

Non tutti gli scienziati accettarono questo risultato e tre di essi, Hermann Bondi, Thomas Gold e Fred Hoyle, suggerirono un'ipotesi alternativa: che l'energia di espansione si tramuti in energia di creazione della materia in uno spazio infinito e in un tempo infinito. Questa ipotesi, detta «dell'universo stazionario», assume un universo infinito che non ha né principio né fine, e in cui la materia ha densità costante, proprio grazie alla trasformazione dell'energia di espansione in energia di creazione della materia. Questa teoria non era verificabile, perché bastava la creazione di un atomo di idrogeno all'anno in un volume grande come un teatro perché la densità restasse costante: una quantità talmente piccola da non poterla verificare sperimentalmente. L'altra ipotesi, cioè di un universo che prende origine – con il cosiddetto «big bang» – da una fase ad altissime temperature e densità e va via via raffreddandosi e rarefacendosi a causa dell'espansione, è detta anche ipotesi «dell'universo evolutivo». A chi obiettava la non evidenza che nell'universo potesse crearsi della materia, Bondi, Gold e Hoyle rispondevano che è più facile ammettere la creazione di un atomo di idrogeno all'anno in un grande volume, che non ammettere la creazione dal nulla di tutto l'universo.

Per molti anni gli scienziati rimasero divisi fra coloro che sostenevano l'ipotesi dell'universo evolutivo e quelli a favore dell'universo stazionario. Per decidere quale dei due modelli di universo spiegasse meglio la realtà, occorrevano delle prove osservative che permettessero di scegliere fra le due ipotesi.

Un possibile argomento era il seguente: se l'universo è stazionario, la densità spaziale delle galassie (cioè la distanza media delle singole galassie l'una dall'altra) doveva essere la stessa, oggi come nel passato. Se invece l'universo è evolutivo, e quindi nel passato era molto più piccolo, le galassie in passato dovevano essere più vicine fra loro e la densità spaziale più alta. Ricordiamo che più lontano si guarda nello spazio, tanto più indietro si guarda nel tempo. Una galassia a due milioni di anni-luce la vediamo com'era quando la luce è partita da essa, e cioè due milioni di anni fa, mentre una galassia a 10 miliardi di anni-luce la vediamo com'era 10 miliardi di anni fa. Questa prova fu tentata negli anni Cinquanta e Sessanta, confrontando la densità spaziale delle radiogalassie relativamente vicine con quella delle radiogalassie molto più lontane. Si usavano le radiogalassie perché i radiotelescopi permettevano di osservare galassie più lontane che non i telescopi ottici. Si trovò qualche leggero indizio a favore del modello evolutivo, ma gli errori di misurazione sia delle distanze sia della distribuzione delle galassie sulla volta celeste, erano tali e tanti che non si ottenne un risultato conclusivo.

Un'altra prova fu suggerita nel '48 dal fisico russo-americano George Gamow: se l'universo in passato aveva temperature e densità molto elevate, doveva essere riempito di radiazione ad altissima energia, raggi gamma e raggi X, perché la materia ha un massimo di emissione a lunghezze d'onda tanto più brevi quanto maggiore è la sua temperatura (vedi fig. 11a). Poi, espandendo, si doveva raffreddare. Così, dopo circa 10 miliardi d'anni – quale si valutava allora fosse l'età dell'universo – Gamow calcolava che la temperatura doveva essere scesa a pochi gradi assoluti (ricordiamo che lo zero assoluto è eguale a -273 gradi centigradi). In tal caso l'universo oggi dovrebbe essere pervaso da radiazione a lunghezze d'onda centimetriche e millimetriche.

Nel '48 la tecnologia non era sufficientemente sviluppata per consentire queste misure. Fu solo nel '65 che due ingegneri della Bell Telephone Company, Robert Wilson e Arno Penzias, i quali stavano cercando le cause di rumore che disturbavano le trasmissioni a microonde verso i satelliti artificiali, trovarono vari rumori, naturali (dovuti alla temperatura dell'atmosfera) o artificiali (causati dalle trasmissioni televisive e radio). Oltre a questi individuarono un rumore uniforme proveniente da tutte le direzioni e che indicava che il responsabile dell'emissione aveva una temperatura di 3 gradi assoluti, cioè −270 gradi centigradi.

I due ingegneri non capirono di cosa si trattasse, ma pubblicarono la notizia; alcuni fisici di Princeton, al corrente dell'ipotesi di Gamow e intenti a costruire uno strumento per verificarla, compresero che si trattava proprio della radiazione predetta, che fu chiamata «radiazione del fondo cosmico» e anche «radiazione fossile», in quanto è il residuo delle altissime temperature primordiali.

Questa scoperta ha messo al tappeto l'ipotesi dell'universo stazionario, perché un universo che non è mai passato attraverso una fase di altissima temperatura non può spiegare la presenza di una radiazione uniforme, e corrispondente esattamente a quanto predetto dalla teoria. Da questa rilevazione deriva anche un'altra conferma del modello evolutivo. Difatti, conoscendo la temperatura dell'universo di oggi, 3 gradi assoluti, e conoscendone la densità media della materia visibile, 1 atomo di idrogeno per metro cubo, si possono calcolare la temperatura e la densità nel passato e nel futuro. Si sa infatti che la densità varia con l'inverso del raggio al cubo, e la temperatura con l'inverso del raggio. È possibile quindi, tenendo conto dell'espansione, calcolare temperatura e densità dell'universo a varie età. Poiché temperatura e densità sono le grandezze fisiche che definiscono le proprietà della materia, si trova che quando l'universo aveva un'età compresa fra 3 e 7 minuti circa dall'inizio, la temperatura doveva essere dell'ordine di 1 miliardo di gradi, e la densità circa quella dell'acqua. In queste condizioni i protoni – cioè i nuclei dell'atomo di idrogeno – si possono combinare con i neutroni e dare reazioni nucleari con formazione di deuterio (idrogeno pesante formato da un protone e un neutrone), elio 3 ed elio 4, cioè i due isotopi dell'elio: l'elio 3 formato da 2 protoni e 1 neutrone, l'elio 4 da 2 protoni e 2 neutroni. Prima dei 3 minuti le temperature erano troppo alte e la velocità di agitazione termica delle particelle era tale che per urto avrebbero frantumato qualsiasi nucleo più complesso del protone. Dopo 7 minuti, a causa dell'espansione, la temperatura sarebbe diminuita tanto da non permettere il verificarsi di altre reazioni nucleari. Queste reazioni nucleari infatti sono possibili solo se le energie cinetiche delle particelle permettono a protoni e neutroni di dar luogo a nuclei più complessi. Allora si può quantificare quanto deuterio, quanto elio 3 e quanto elio 4 si siano formati in questi pochi minuti, e confrontare le abbondanze primordiali calcolate di deuterio ed elio con quelle presenti oggi nell'universo, che si misurano facendo un'analisi chimica quantitativa dagli spettri delle stelle e delle nubi di gas. Il calcolo dice che nei primi 3-7 minuti si è formato un nucleo di deuterio ogni 100.000 protoni, e che l'elio rappresentava il 24% della massa dell'universo. Le analisi quantitative della materia che forma le stelle e le galassie ci dicono che c'è un atomo di deuterio ogni 100.000 atomi di idrogeno, e che l'elio rappresenta circa il 28% della massa dell'universo.

L'accordo fra calcolo e osservazione è ottimo. Infatti l'elio si forma anche nell'interno delle stelle, e in tutta la vita della galassia si può essere formato al massimo un 3 o 4% che, sommato al 24% di origine primordiale, dà il 28% osservato. Il deuterio invece non può formarsi all'interno delle stelle, perché già a temperature di mezzo milione di gradi viene distrutto. Quindi tutto il deuterio presente nell'universo deve essere quello di formazione primordiale.

In conclusione il modello evolutivo poggia su tre colonne: 1) l'espansione dell'universo; 2) la presenza della radiazione fossile predetta da Gamow; 3) le abbondanze cosmiche del deuterio e dell'elio.

4. L'età dell'universo

L'età dell'universo dipende evidentemente dalla rapidità con cui si espande. La legge di Hubble dice v = Hd (d è la distanza, H è una costante di proporzionalità, chiamata la costante di Hubble; H è l'inverso di un tempo, perché H = v/d, dove v è misurata in km/sec, e d la distanza espressa in chilometri; di conseguenza H è misurata in sec^{-1}, cioè l'inverso di un tempo).

Il valore di H è fondamentale per determinare l'età dell'universo, ma misurare H vuol dire conoscere bene la relazione fra le velocità v e le distanze d. La velocità di una galassia si misura facilmente dallo spostamento verso il rosso delle righe spettrali, ma la misura della distanza è molto più difficile e incerta. Difatti Hubble, quando fece le sue prime misure, trovò per H un valore di 500 km/sec per megaparsec (un megaparsec equivale a 3,26 milioni di anniluce).

Ciò vuol dire che una galassia a un megaparsec sembra allontanarsi alla velocità di 500 km/sec; una a due megaparsec a velocità doppia, e così via. Questo valore di H dava per l'età dell'universo poco più di 2 miliardi di anni, un valore assurdo perché si sapeva per certo che l'età del sistema solare era di 5 miliardi di anni. Questo risultato dava forza agli oppositori del modello evolutivo.

Negli anni Cinquanta, grazie a una migliore conoscenza degli splendori assoluti delle Cefeidi, che erano il mezzo più accurato per la determinazione delle distanze extragalattiche, queste ultime furono più che raddoppiate, e di conseguenza la costante di Hubble venne stimata pari a circa 200 km/sec per megaparsec.

Negli anni Ottanta le determinazioni di distanza delle galassie migliorarono ancora: la costante di Hubble era compresa tra 50 e 100 km/sec per megaparsec, e l'età dell'universo fra circa 10 e 20 miliardi di anni.

Ma anche un'età di 10 miliardi di anni pone dei problemi, perché dalla teoria dell'evoluzione stellare si stima che le stelle più vecchie della nostra galassia abbiano un'età di circa 11-12 miliardi di anni.

Il satellite artificiale Hipparcos ha permesso di quantificare meglio le distanze delle Cefeidi e delle galassie, e anche delle stelle e degli ammassi globulari – che sono gli oggetti più vecchi della galassia – e quindi di determinare meglio la loro età.

Grazie a queste misure, il valore della costante di Hubble è stato ancora ridimensionato: H è compreso fra 60 e 70 km/sec per megaparsec, da cui si deduce un'età dell'universo di circa 12-13 miliardi di anni, e per gli ammassi più vecchi 11-12 miliardi, appena un po' più giovani dell'universo.

Recentissimamente è stata fatta una scoperta inaspettata. La relazione tra la velocità di espansione e la distanza delle galassie è stata rideterminata, utilizzando come mezzo per la misura delle distanze una classe di supernovae dette Ia, che hanno tutte le stesse identiche caratteristiche fisiche e quindi anche lo stesso splendore assoluto. Le distanze misurate utilizzando quasi un centinaio di supernovae, esplose in altrettante galassie, hanno portato a un risultato sorprendente: l'espansione dell'universo andrebbe accelerando, invece che rallentando come si riteneva. Difatti si era sempre ritenuto che l'espansione dell'universo fosse soggetta a un frenamento da parte della forza di gravità, esercitata dalla stessa materia presente nell'universo. Questo frenamento poteva essere maggiore o minore a seconda della densità media dell'universo. Si chiama densità critica quella per cui l'universo, pur rallentando continuamente la sua espansione, seguiterà ad espandere all'infinito; per densità inferiori alla densità critica, l'espansione seguiterà all'infinito, come nel caso precedente, ma il frenamento sarà meno efficace. Infine, se la densità è superiore a quella critica, l'espansione rallenterà tanto che a un certo momento si arresterà e avrà inizio una fase di contrazione, ed eventualmente un altro big bang. Per fare un'analogia, si pensi a un razzo lanciato da terra: se ha una velocità inferiore alla velocità di fuga dalla Terra, esso sale, rallenta, rallenta ancora e poi ricade sulla Terra; se invece ha una velocità appena un po' superiore alla velocità di fuga, va su, rallenta ma a qualsiasi distanza ha una velocità appena un po' superiore alla velocità di fuga, e pur rallentando seguita ad allontanarsi dalla Terra e va avanti all'infinito. Nel caso intermedio, velocità identica alla velocità di fuga, comunque sale, rallenta, ma si fermerà a distanza infinita, dopo un tempo infinito e quindi in pratica non si fermerà mai, pur seguitando a rallentare.

La scoperta di una espansione accelerata comporta che esiste una forza che si oppone alla forza di gravità, e che va ad aggiungersi alle quattro fondamentali, l'elettromagnetismo (che spiega l'emissione di radiazione da parte della materia), l'interazione debole (che spiega la radioattività), l'interazione forte (che tiene più protoni «incollati» in un nucleo atomico, mentre particelle libere della stessa carica si respingono) e la gravità stessa. Questa scoperta risolverebbe il problema dell'età dell'universo, che si riteneva eguale o appena superiore a quella delle stelle più vecchie. Infatti, se in passato l'universo espandeva più lentamente, la sua età sarebbe maggiore di quanto si ricava dalla relazione di Hubble, ammettendo espansione a velocità costante o decelerata.

Le considerazioni fatte a proposito della densità media dell'universo includono naturalmente sia la materia visibile che quella cosiddetta oscura. A proposito della natura di quest'ultima, abbiamo detto che non può trattarsi che in piccola parte di stelle molto deboli, ma dotate di massa o di grossi pianeti, sia perché ce ne vorrebbe un numero assurdamente alto, ma anche per ragioni teoriche. Queste dipendono dal fatto che se la materia «normale» avesse una densità maggiore di quella che si osserva, all'epoca delle reazioni nucleari primordiali la densità di protoni e neutroni sarebbe stata molto più alta, e la conseguenza sarebbe stata che i nuclei di deuterio non si sarebbero potuti formare, distrutti dalle reazioni con formazione dell'elio. Ma l'ottimo accordo fra il deuterio che si osserva oggi e quello calcolato, esclude che la materia oscura possa essere «normale». Perciò si ipotizza che debba trattarsi di particelle elementari, che dovevano essere presenti in gran quantità, nell'universo primordiale.

5. La struttura attuale dell'universo

Noi possiamo vedere direttamente qual era l'aspetto dell'universo quando aveva un'età di circa 300.000 anni. Infatti, quando si osserva la radiazione fossile a 3 gradi assoluti, vediamo anche la distribuzione della materia a quell'età.

Perché 300.000 anni e non prima? Perché prima di quest'età la temperatura era troppo alta e il gas completamente ionizzato. Ora un gas ionizzato è opaco alla radiazione: i fotoni emessi dalla materia a età antecedenti i 300.000 anni non possono propagarsi liberamente, hanno cammini medi liberi molto brevi e i fotoni rimbalzano, per così dire, da una particella all'altra, compiendo un percorso a zig zag che non li porta da nessuna parte. Dopo i 300.000 anni, quando la temperatura è scesa sotto i 3000 gradi, protoni e elettroni si ricombinano, e il gas diventa neutro e trasparente.

Un problema si presentò quando fu scoperta la radiazione fossile, perché essa sembrava perfettamente uniforme, identica in tutte le direzioni, e ci si chiedeva come mai da un universo primordiale così uniforme si sia potuto formare quello che conosciamo oggi, che sebbene simile a grande scala in tutte le direzioni, non è certo uniforme. Ci sono ammassi di galassie e galassie, separati da enormi spazi praticamente vuoti.

Come si sono formate queste disuniformità? Probabilmente nell'universo primordiale doveva già esserci il seme di queste strutture. Alla ricerca di questo «seme», nel 1990 fu lanciato il satellite COBE (Cosmic Background Explorer), allo scopo di osservare la radiazione fossile dallo spazio. Infatti, da terra, le misure sono affette da disturbi di varia natura, dovuti alle emissioni atmosferiche o causati dalle attività umane, come le trasmissioni radio e televisive, ecc. Il satellite COBE era dotato di due rivelatori identici, che esploravano simultaneamente due regioni di cielo a 60 gradi l'una dall'altra, e facevano il confronto per misurare eventuali piccole differenze di emissione. Dopo alcuni anni di osservazioni estese a quasi tutto il cielo, si è trovato che la temperatura non è proprio 3 ma 2,734 gradi assoluti e che ci sono piccole disuniformità: zone più calde e più dense, e zone più fredde e meno dense. Le prime potrebbero essere il seme da cui si sono formate le galassie. Le differenze di temperature osservate sono minime, qualche centomillesimo di grado in più o in meno del valore medio. Il COBE ha una «acuità visiva» di 7 gradi, cioè riesce a risolvere zone separate da almeno 7 gradi; potremmo dire, quindi, che era piuttosto miope e non in grado di vedere i dettagli più fini. La mappa dell'universo all'età di 300.000 anni disegnata dal COBE è dunque una mappa grossolana, perché l'angolo di 7 gradi – visto da una distanza di 12 o 13 miliardi di anniluce (infatti ricordiamo che stiamo guardando l'universo qual era 12 o 13 miliardi di anni fa) – corrisponde a dimensioni lineari di circa un miliardo e mezzo di anniluce, molto maggiore dei superammassi più estesi. Per comprendere la struttura dell'universo primordiale occorre dunque un altro satellite che ripeta le osservazioni di COBE, ma con una maggiore capacità di distinguere i dettagli. Un satellite dell'Agenzia spaziale europea chiamato PLANCK, che sarà lanciato nei prossimi anni, dovrebbe risolvere angoli di 10' invece che 7 gradi: 10' d'arco, visti da una distanza di 12 miliardi di anniluce, corrispondono a dimensioni lineari di circa 30 milioni d'anniluce, cioè le dimensioni di un superammasso. Riusciremo così a vedere la struttura dell'universo prima della formazione delle galassie.

Un primo risultato è stato ottenuto con uno strumento a bordo di un pallone, lanciato sopra l'Antartide da un gruppo internazionale di ricercatori guidato da Paolo De Bernardis dell'università «La Sapienza» di Roma. Questo ha esplorato una piccola regione di cielo, ma con una capacità di vedere dettagli molto maggiori rispetto a COBE. Esso ha permesso di decidere che la geometria dell'universo è quella euclidea, o in altre parole che l'universo è piano.

Col telescopio spaziale Hubble (HST), grazie ad esposizioni durate 11 giorni in due piccole regioni del cielo, una nell'emisfero boreale e una nell'emisfero australe, è stato possibile ottenere immagini di galassie così lontane che l'età dell'universo era il 7% di quella attuale, cioè un'età inferiore a un miliardo d'anni. COBE, dunque, ci ha mostrato l'aspetto dell'universo all'età di 300.000 anni, quando le galassie non erano ancora formate; HST, con le due esposizioni indicate con NDF e SDF (North Deep Field e South Deep Field), ci ha mostrato l'universo all'età di circa un miliardo di anni, quando le galassie e le stelle erano già formate.

Non siamo ancora riusciti a esplorare l'intervallo fra 300.000 e un miliardo di anni di età, e a cogliere l'epoca in cui gli ammassi e le galassie cominciano appena a formarsi. La difficoltà consiste anche nel fatto che le protogalassie, quando le stelle non sono ancora formate, sono fredde; la loro emissione deve essere molto debole e nel lontano infrarosso, sia per lo spostamento verso il rosso dovuto alla distanza, sia per la bassa temperatura. Forse ci riusciremo col VLT (Very Large Telescope) dell'Osservatorio europeo dell'emisfero australe, che è quasi completato ed è il più potente strumento del globo, e col successore del telescopio spaziale Hubble.

Possiamo dedurre quale fosse lo stato fisico dell'universo prima dei 300.000 anni di età, poiché ne conosciamo la temperatura e la densità; ma non potremo mai osservarlo direttamente a causa di quel «muro di luce», frapposto fra noi e l'universo primordiale dall'opacità del gas ionizzato.

Abbiamo visto che fra 3 e 7 minuti di età hanno luogo le reazioni nucleari con formazione di deuterio e di elio; ma possiamo andare ancora indietro nel tempo, a quando l'età dell'universo era un centesimo di miliardesimo di secondo, e la temperatura era dell'ordine di un milione di miliardi di gradi: l'elettromagnetismo (che spiega l'emissione di luce dai corpi) e l'interazione debole (che spiega la radioattività, e cioè l'espulsione di un elettrone da un nucleo atomico) hanno lo stesso valore o, come si dice in termini tecnici, sono unificate.

Abdus Salam e Steven Weinberg (premi Nobel per questa previsione) avevano anticipato che a temperature sufficientemente alte le forze fondamentali potevano unificarsi, annun-

4. La galassia e l'universo extragalattico   147

ciando che l'elettromagnetismo e l'interazione debole si sarebbero unificate a energie realizzabili negli acceleratori di particelle. Questa previsione è stata verificata da Carlo Rubbia (premio Nobel per la verifica sperimentale) e i suoi collaboratori al CERN di Ginevra, e la forza unificata è stata chiamata «elettrodebole».

Anche l'interazione forte (che tiene insieme, come una colla, i protoni nei nuclei atomici) probabilmente era unificata con l'elettrodebole, all'età di un miliardesimo di miliardesimo di miliardesimo di miliardesimo (10^{-36}) di secondo e temperature di 10^{28} gradi. Energie così alte non sembrano per ora raggiungibili sulla Terra. Perciò questa era dell'universo è detta «speculativa». Si ipotizza inoltre che, in epoche ancora precedenti, anche la gravità possa essere stata unificata con le altre tre forze fondamentali.

Sebbene non sappiamo come sia cominciato l'universo, tuttavia possiamo supporre che nell'era speculativa doveva esserci una zuppa di particelle elementari, le più elementari possibili – si suppone siano i quark – oggi imprigionate dentro i neutroni, i protoni e i mesoni. Neutroni e protoni dunque non sono particelle elementari, bensì formate da 3 quark; i mesoni, particelle instabili composte da 2 quark. Altre particelle elementari sono gli elettroni, i neutrini e molte altre particelle che oggi non si osservano, ma che i fisici teorici ritengono ci siano per ragioni di simmetria.

6. L'origine dell'universo

Non sappiamo come sia cominciato l'universo e come abbia avuto origine l'espansione. Si fanno varie ipotesi, molto difficili – per non dire impossibili – da verificare sperimentalmente.

Un'ipotesi è che lo spazio vuoto, il quale non è un inerte contenitore di materia, si trovasse in uno stato analogo a quello in cui si trovano gli atomi eccitati (cioè in cui l'elettrone è in uno stato di energia più alta di quella minima, o stato fondamentale). Un atomo eccitato ha sempre una probabilità, più o meno alta, di ricadere nello stato fondamentale emettendo radiazione. Non possiamo prevedere quando questo accadrà, ma solo conoscere la probabilità che questo accada. Così lo spazio può essere caduto dallo stato eccitato a quello fondamentale, emettendo un'enorme quantità di energia, che avrebbe dato origine non solo all'espansione, ma anche alla formazione di materia, data l'equivalenza fra materia ed energia secondo la relazione di Einstein $E = mc^2$.

Ci si domanda anche se l'universo è tutto ciò che esiste, oppure, come è stato suggerito da vari scienziati, esiste uno spazio e un tempo infiniti in cui si formano casualmente regioni in grado di dare origine ad altri universi, sia simili al nostro che completamente diversi. A questo punto si travalica il campo della fisica, per entrare in quello della metafisica, cioè non verificabile sperimentalmente. L'idea è interessante da un punto di vista filosofico.

Nell'antichità l'uomo, ingannato dai propri sensi, riteneva che la Terra fosse il centro dell'universo. Poi ha capito che la Terra e i pianeti ruotavano attorno al Sole, posto al centro del sistema solare. In seguito ha compreso che il Sole è una stella come miliardi di altre, mentre l'inganno dei sensi aveva ancora fatto ritenere che il Sole si trovasse al centro della Via Lattea, e che questa abbracciasse tutto l'universo. Nel tempo, ha scoperto che il Sole occupa una posizione periferica nella Via Lattea, che questa è una galassia fra miliardi di altre, e che tutte insieme costituiscono il nostro universo.

E ora ci domandiamo: ma questo è veramente tutto ciò che esiste, o è solo un universo fra infiniti altri?

GLOSSARIO

Aberrazione astronomica Apparente scostamento della posizione di una stella rispetto alla sua posizione reale nel corso dell'anno, per effetto della combinazione della direzione di provenienza della luce con la direzione della velocità orbitale della Terra. Tutte le stelle sembrano descrivere una ellisse di asse maggiore 41 secondi d'arco attorno al polo dell'eclittica in conseguenza del moto della Terra attorno al Sole.

Afelio Il punto dell'orbita di un pianeta in cui è massima la distanza dal Sole. Analogamente, si chiama apogeo il punto di massima distanza dalla Terra nell'orbita descritta da un corpo che ruoti attorno al nostro pianeta.

Angstrom Unità di misura di lunghezza usato per la misura delle lunghezze d'onda. $1 \text{ Å} = 10^{-8}$ cm.

Annoluce Misura di distanza usata in astronomia. Un annoluce è la distanza percorsa dalla luce in un anno, ed equivale a 9460,5 miliardi di km.

Antimateria Ad ogni particella corrisponde un'antiparticella con la stessa massa e carica opposta. In natura, nei raggi cosmici si osservano elettroni e positroni (i primi con carica negativa e i secondi con carica positiva), e protoni e antiprotoni (i primi con carica positiva e i secondi con carica negativa).

Atomo La più piccola parte in cui può essere suddiviso un elemento chimico senza che quest'ultimo perda le sue proprietà. È formato da un nucleo costituito da particelle cariche positivamente (protoni) e neutre (neutroni) e da particelle cariche negativamente (elettroni).

Barioni Protoni e neutroni, che costituiscono il nucleo atomico.

Boreale e australe (emisferi) L'equatore divide la Terra in due parti dette emisferi. Quello boreale contiene il polo Nord a latitudine +90 gradi e l'australe il polo Sud a –90 gradi.

Buco nero Regione dello spazio in cui è concentrata tanta materia da far sì che la velocità di fuga risulti superiore a quella della luce, cosicché nemmeno questa può uscirne. Si chiama raggio di Schwarzschild Rs la distanza dal centro della regione a cui la velocità di fuga diventa eguale a quella della luce c:

$$Rs = 2GM/c^2$$

dove G è la costante gravitazionale e M la massa racchiusa nella regione considerata. Per una massa pari a quella del Sole, R_s sarebbe di 2,9 km. Per una massa di circa un miliardo di volte la massa del Sole, R_s è di 3 miliardi di km, cioè circa la metà della distanza di Plutone dal Sole.

Cefeidi Stelle variabili estremamente regolari. Il loro splendore assoluto cresce al crescere del periodo secondo una relazione scoperta da Henriette Leavitt. Per queste loro proprietà forniscono un eccellente metodo di determinazione delle distanze delle galassie.

Corpo nero Corpo ideale che assorbe il 100% della radiazione incidente. Esso riemette la radiazione secondo una legge trovata da Planck (*planckiana*). L'emissione in funzione della lunghezza d'onda dipende solo dalla temperatura del corpo nero e non dalla sostanza di cui questo è composto. Il massimo di emissione di una planckiana si verifica a lunghezze d'onda tanto più brevi quanto maggiore è la temperatura, secondo la relazione λT = costante. L'emissione globale di un corpo nero (da $\lambda = 0$ a $\lambda = \infty$) cresce con la quarta potenza della temperatura. La sua importanza in astronomia dipende dal fatto che le stelle si comportano, con buona approssimazione, come corpi neri, e quindi confrontando l'emissione di radiazione di una stella con le planckiane, se ne può determinare la temperatura superficiale.

Correnti convettive Modo di diffusione del calore in un gas o in un liquido, per cui il materiale più caldo sale verso l'alto e quello più freddo verso il basso, così come avviene per l'acqua che bolle in una pentola.

Costante cosmologica Una forza costante introdotta da Einstein per opporsi alla forza di gravità e mantenere statico l'universo. La scoperta che l'universo sarebbe in espansione accelerata fa ritenere che esista veramente una forza di repulsione cosmica.

Costellazioni Raggruppamenti di stelle che appaiono vicine sulla sfera celeste. Collegate idealmente (come nel gioco enigmistico dell'«unire i puntini» per far apparire un disegno) hanno suggerito configurazioni in cui gli antichi immaginavano di vedere immagini mitiche di eroi o di animali. Esse non hanno nessun significato fisico, e le stelle di una costellazione, apparentemente vicine sulla volta celeste, possono trovarsi a distanze molto grandi l'una dall'altra lungo la direzione della nostra visuale. L'Unione Astronomica internazionale ha diviso il cielo in 88 costellazioni. Mentre quelle visibili dall'emisfero boreale hanno per lo più nomi derivati dalla mitologia greca, quelle visibili solo dall'emisfero australe hanno nomi di macchine o strumenti, come ad esempio Orologio, Telescopio, Microscopio, Bussola, che rispecchiano l'era sperimentale e tecnologica iniziata con Galileo. Le costellazioni vengono tuttora usate come comodo sistema per individuare le varie regioni della volta celeste.

Deuterio Detto anche idrogeno pesante, è un isotopo dell'idrogeno, il cui nucleo è costituito da un protone e un neutrone.

Diametro angolare È l'angolo sotto cui si vede un corpo celeste. Per esempio il Sole e la Luna sono visti dalla Terra sotto un angolo di circa mezzo grado. Per puro caso, il rapporto fra il diametro del Sole e la sua distanza dalla Terra è quasi identico al rapporto fra il diametro della Luna e la sua distanza dalla Terra: per il Sole 1.392.000 km/149.600.000 km = 0,0093 radianti, pari a 32 primi d'arco; per la Luna 3476 km/384.000 = 0,0090 radianti, pari a 31 primi d'arco.

Eclittica Piano su cui giace l'orbita della Terra attorno al Sole. Forma un angolo di 23 gradi e 27 primi col piano dell'equatore terrestre; di qui la variabilità della durata del giorno e della notte e il succedersi delle stagioni.

Eco radar Le onde radio emesse da un radar per esempio verso la superficie di un pianeta, vengono da questa riflesse, permettendo di determinarne le caratteristiche superficiali.

Effetto Doppler Un osservatore riceve da una sorgente in movimento verso di lui una radiazione di frequenza più alta di quella emessa; se invece la sorgente si allontana, l'osservatore riceve radiazione di frequenza più bassa di quella emessa. Questo effetto spiega «lo spostamento verso il rosso» della radiazione emessa dalle galassie. In realtà, in questo caso si tratta del fatto che ogni lunghezza, e quindi anche le lunghezze d'onda, vanno soggette a un allungamento causato dall'espansione dell'universo. L'effetto Doppler vero e proprio ha numerose applicazioni: ad esempio permette di misurare la velocità delle stelle rispetto al Sole, le velocità di espansione o di contrazione delle atmosfere stellari rispetto al centro della stella, la velocità di rotazione delle stelle attorno al centro della Galassia, la velocità orbitale delle stelle doppie attorno al loro baricentro, le velocità delle galassie entro un ammasso di galassie.

Effetto Zeeman Lo spettro di un gas immerso in un campo magnetico subisce delle modifiche consistenti in una scissione delle righe spettrali in due o più componenti, la separazione delle quali dipende dall'intensità del campo magnetico. Questo effetto ha permesso di misurare i campi magnetici stellari e il campo magnetico galattico.

Elettrone Particella elementare carica negativamente di massa circa 1/2000 della massa del protone. Un atomo neutro contiene un egual numero di protoni ed elettroni.

Elio Gas inerte che costituisce circa il 25% della materia presente nell'universo. Un atomo di elio è costituito da un nucleo formato da due protoni e due neutroni (carica positiva +2 e massa 4) e da due elettroni (carica negativa −2). La principale fonte di energia irradiata dalle stelle è dovuta alla fusione di quattro nuclei di idrogeno a formare un nucleo di elio, con perdita di 7 millesimi delle masse in gioco, che viene trasformata in energia secondo la relazione di equivalenza fra massa ed energia $E = mc^2$.

Ellisse Figura geometrica a forma di ovale. È la figura descritta da un corpo celeste che ruota attorno a un altro.

Epicicli Cerchi su cui si muovevano i pianeti, secondo le antiche teorie astronomiche, e il cui centro si muoveva a sua volta lungo la circonferenza di un altro cerchio detto deferente, al cui centro si trovava la Terra.

Equinozio Ciascuno dei due punti in cui l'eclittica interseca il piano dell'equatore. Quando la Terra si trova in uno dei due equinozi la durata del giorno è eguale a quella della notte in tutti i punti della Terra.

Fibra ottica Filamento lungo e sottile di materiale trasparente, quale il vetro o il plexiglas, che ha la proprietà di convogliare con rendimento molto alto un flusso di energia raggiante.

Focale di una lente È la distanza dalla lente in cui si concentra un fascio di raggi paralleli, provenienti cioè da una sorgente a distanza infinita (in pratica molto grande rispetto alla focale della lente, come per esempio un corpo celeste).

Frequenza della radiazione Si definisce frequenza il rapporto fra la velocità della luce c e la sua lunghezza d'onda, mentre si chiama numero d'onda l'inverso della lunghezza d'onda $1/\lambda$.

Gas degenere Condizioni del gas che si riscontrano nelle nane bianche. In un gas completamente degenerato la pressione dipende solo da una potenza della densità.

Gas perfetto In un gas perfetto le dimensioni delle singole particelle sono trascurabili rispetto alla distanza media fra particella e particella. In un gas perfetto la pressione è proporzionale alla temperatura.

Gauss Unità di misura dei campi magnetici. Il campo magnetico generale del Sole è inferiore a un gauss, mentre i campi magnetici delle macchie variano da qualche centinaio a qualche migliaio di gauss. Il campo magnetico della Galassia è compreso fra qualche centomillesimo e qualche milionesimo di gauss.

Geocentrico Riferito alla Terra come centro. Per esempio, il sistema tolemaico era un sistema geocentrico in quanto assumeva che Sole, pianeti e tutta la volta celeste ruotassero attorno alla Terra.

Idrogeno L'elemento più leggero, composto da un protone carico positivamente e un elettrone carico negativamente. Isotopi dell'idrogeno sono il deuterio, il cui nucleo è composto da un protone e un neutrone, e il trizio il cui nucleo è composto da un protone e due neutroni. È l'elemento di gran lunga più abbondante nell'universo, rappresentando circa il 74% della massa delle stelle e delle galassie.

Interferometri Strumenti basati sulla proprietà delle onde elettromagnetiche di interferire, cioè onde in fase si sommano in intensità, onde sfasate di mezza lunghezza d'onda si sottraggono. Gli interferometri, usati soprattutto in radioastronomia, permettono di ottenere informazioni molto più dettagliate sulle radiosorgenti di quelle che si possono avere con un singolo radiotelescopio. Interferometri per l'infrarosso sono stati impiegati con successo anche per la misura dei diametri stellari, nei pochi casi di stelle molto grandi e abbastanza vicine.

Ione Un atomo che ha perso uno o più elettroni ed è pertanto carico positivamente.

Ionizzazione Il fornire a un atomo o a uno ione l'energia necessaria a strappargli un elettrone. L'energia può essere energia raggiante (assorbimento di un fotone) o cinetica (urti da parte di altre particelle).

Infrarosso Radiazione elettromagnetica posta oltre l'estremo rosso, invisibile all'occhio ma rilevabile sotto forma di calore.

Isotopi Atomi il cui nucleo contiene lo stesso numero di protoni ma diverso numero di neutroni. Ad esempio, idrogeno, deuterio e trizio sono isotopi; il nucleo del primo è un protone, del secondo un protone e un neutrone, del terzo un protone e due neutroni.

Latitudine Distanza angolare, contata in gradi, di un cerchio parallelo all'equatore. Le latitudini nell'emisfero boreale variano fra zero (all'equatore) e +90 gradi (polo Nord) e nell'emisfero australe fra zero e −90 gradi (polo Sud).

Legge di Titius-Bode È una relazione empirica che esprime le distanze dei pianeti dal Sole secondo una semplice sequenza numerica. Chiamando a il semiasse maggiore dell'orbita, espresso in unità astronomiche, si trova che i semiassi delle orbite dei pianeti sono espressi dalla relazione

$$a = 1/3\,(2^{n-2} + 1)$$

con n = 1 per Mercurio, n = 2 per Venere, n = 3 per la Terra, n = 4 per Marte; per n = 5 non c'è un pianeta, ma intorno a quella distanza si addensa la fascia degli asteroidi; per n = 6 troviamo Giove, per n = 7 Saturno, per n = 8 Urano. Per Nettuno l'accordo con la relazione è peggiore e manca per Plutone.

Lente gravitazionale Una massa (per esempio una stella, o una galassia, o un ammasso di galassie) che devia la radiazione proveniente da un oggetto posto dietro la lente, grazie al suo campo gravitazionale.

Logaritmo L'esponente che indica la potenza a cui va innalzato un numero per ottenere un dato numero. Per esempio, se B^2 = N, 2 è il logaritmo di N in base B. Nella maggior parte dei casi pratici si usa il logaritmo in base 10. Per esempio, in 10^2 = 100, 2 è il logaritmo di 100, oppure in 10^0 = 1, 0 è il logaritmo di 1. In astronomia si ha a che fare con oggetti come le stelle più brillanti, che sono 100.000 volte più splendenti del Sole e le stelle più deboli, che sono 10.000 volte meno splendenti del Sole. Volendo riportare in grafico in scala lineare gli splendori dovremmo considerare una scala da 100.000 a 0,0001 difficilmente rappresentabile, mentre in scala logaritmica avremo un intervallo da 5 a −4 facilmente riportabile in grafico.

Longitudine Distanza angolare di un meridiano passante per un dato luogo terrestre dal meridiano di Greenwich preso come riferimento. La longitudine di Greenwich è di conseguenza zero. I luoghi ad est di Greenwich hanno longitudini positive, comprese fra zero e 180 gradi (o zero e 12 ore), quelle a ovest longitudini negative comprese fra zero e −180 gradi (o zero e −12 ore).

Luminosità stellare Si definisce luminosità di una stella il prodotto della sua superficie per la radiazione emessa complessivamente a tutte le lunghezze d'onda dall'unità di superficie nell'unità di tempo.

Magnitudini Scala di misura degli splendori stellari. Si chiama magnitudine apparente una quantità proporzionale al logaritmo dello splendore apparente, cioè visto dalla Terra, e magnitudine assoluta una quantità proporzionale al logaritmo dello splendore assoluto della stella, cioè lo splendore che avrebbe se fosse riportata alla distanza standard assunta per convenzione pari a 10 parsec.

Meridiani Semicerchi tutti eguali disegnati idealmente sulla superficie terrestre dall'intersezione di semipiani passanti per i due poli. Un particolare meridiano è quello passante per il punto cardinale sud. Si dice che il Sole passa al meridiano quando raggiunge il punto più alto sull'orizzonte nel corso del giorno; questo istante è il mezzogiorno locale.

Mezzo interstellare Il gas e le polveri diffuse fra stella e stella e concentrate principalmente sul piano dell'equatore galattico.

Molecole organiche Molecole contenenti atomi di carbonio. Se ne conosce circa un centinaio presenti nello spazio interstellare.

Momento angolare È dato dal prodotto della massa m di un corpo in rotazione attorno a un punto per la sua velocità v e per la distanza r dal baricentro del corpo considerato dal punto centrale; quindi: momento angolare = mvr. Il principio della conservazione del momento angolare ci dice che se r diminuisce v aumenta e viceversa se r aumenta v diminuisce, cosicché il momento angolare resta costante. È ben noto l'esempio della pattinatrice che fa piroetta su se stessa: se allarga le braccia la velocità diminuisce, se invece le stringe al corpo la velocità aumenta.

Moto di rivoluzione Moto di un pianeta attorno al Sole lungo un'orbita ellittica di cui il Sole occupa uno dei fuochi.

Moto di rotazione Rotazione di un pianeta o di una stella attorno al proprio asse.

Nana bianca Stella di massa non superiore a 1,4 volte la massa del Sole (limite di Chandrasekhar), che non dispone più di combustibile nucleare, ed è in gran parte composta di gas degenere. Rappresenta la fase finale della vita di una stella di massa poco superiore o più piccola di quella del Sole.

Nana bruna Stella di massa inferiore a 0,08 la massa del Sole, ma superiore a 10 volte la massa di Giove. Si forma per collasso della materia interstellare come le stelle, ma non ha massa sufficiente per innescare reazioni nucleari. È un corpo intermedio fra stelle e pianeti, i quali invece si formano per successive catture di materiale presente nelle nebulose protoplanetarie.

Nane rosse Stelle di luminosità fra circa 1/100 e 1/10.000 della luminosità del Sole, raggio almeno un decimo o meno di quello solare e temperatura superficiale di circa 3000 gradi, che conferisce loro un colore rossastro, da cui il nome di nane rosse.

Neutrini Particelle elementari prive di carica e di massa più piccola di un centomillesimo di quella dell'elettrone. Vengono emesse nel corso delle reazioni nucleari che avvengono nell'interno delle stelle.

Neutroni Particelle neutre di massa circa eguale a quella del protone. A differenza degli elettroni e dei neutrini, non sono elementari, ma composte di tre particelle ritenute elementari e chiamate *quark*.

Nodi Due punti in cui si tagliano due cerchi inclinati l'uno rispetto all'altro. Per esempio, i due punti in cui si tagliano l'eclittica e l'equatore. In essi si vede proiettato il Sole il 21 marzo, inizio della primavera, e il 21 settembre, inizio dell'autunno. Così pure si chiamano nodi i due punti in cui l'orbita della Luna attorno alla Terra interseca l'orbita della Terra attorno al Sole. Linea dei nodi è la linea che unisce i due nodi. Quando la fase di Luna piena o di Luna nuova si verifica nel momento in cui la Luna è in uno dei nodi si ha rispettivamente un'eclisse di Luna o un'eclisse di Sole.

Nova Stella binaria composta da una nana bianca e da una nana rossa quasi a contatto fra loro. Quando la nana rossa comincia ad espandere per effetto della sua evoluzione e diventare una gigante rossa, il gas superficiale comincia a formare un disco attorno alla nana bianca e infine parte del materiale accumulato cade sulla superficie della nana bianca provocando un'esplosione e un aumento di splendore da qualche centinaio a qualche decina di migliaia di volte.

Nubi oscure Concentrazioni di materia interstellare (gas e polveri) che assorbono e diffondono la luce delle stelle retrostanti, impedendoci di vederle.

Nucleo cometario La parte più stabile di una cometa, costituito da materiale solido – per lo più grafite, silicati, ghiaccio – e con diametri compresi fra pochi chilometri e qualche decina di chilometri.

Orbita Il cammino percorso da un corpo celeste attorno al baricentro del sistema a cui appartiene. Un pianeta descrive un'orbita attorno al Sole, o più precisamente attorno al baricentro del sistema solare che non coincide esattamente col centro del Sole, perché bisogna tener conto anche della presenza dei pianeti. In particolare i due più massicci, Giove e Saturno, provocano degli spostamenti apprezzabili del baricentro rispetto al centro del Sole. Così le stelle doppie orbitano attorno al baricentro del sistema, che è più vicino alla stella di massa maggiore; le stelle della Galassia orbitano attorno al centro della Galassia, e le galassie del nostro gruppo locale orbitano attorno al baricentro del sistema.

Parallasse annua Angolo sotto cui da una stella si vede il semiasse dell'orbita terrestre.

Parallasse diurna Angolo sotto cui da un corpo del sistema solare si vede il raggio terrestre.

Paralleli Cerchi immaginari determinati dall'intersezione con la superficie terrestre di piani paralleli a quello dell'equatore.

Parsec Unità di misura delle distanze in astronomia. Corrisponde alla distanza di una stella di parallasse 1 secondo d'arco. Un parsec equivale a 3,262 anniluce.

Particella alfa È così chiamato il nucleo dell'atomo di elio, composto da due protoni e due neutroni.

Perielio Il punto dell'orbita di un pianeta in cui si trova alla minima distanza dal Sole. Perigeo se riferito alla Terra. Periastro se riferito a una stella.

Plasma Un gas composto di ioni (cioè atomi che hanno perso uno o più elettroni e perciò carichi positivamente) ed elettroni. Il plasma, pur essendo composto di particelle cariche, è nel suo insieme neutro perché contiene un egual numero di ioni positivi ed elettroni negativi.

Polarizzazione della luce La luce si dice polarizzata totalmente o parzialmente quando tutti o una percentuale degli atomi emittenti vibrano nello stesso piano; la luce naturale non è polarizzata, in quanto i piani di vibrazione degli atomi emittenti sono distribuiti a caso.

Poli geografici I due punti in cui l'asse di rotazione della Terra o di un pianeta o di una stella incontra la superficie del corpo considerato.

Poli magnetici I due punti in cui l'asse del campo magnetico incontra la superficie del corpo considerato. In generale, asse di rotazione e asse magnetico sono inclinati l'uno rispetto all'altro. Nella Terra l'inclinazione è di 11 gradi. Per Urano è di 55 gradi.

Polveri interstellari Particelle solide, di diametro inferiore al micron, composte di grafite, silicati, ghiaccio con impurità di vari elementi, presenti soprattutto nelle nubi interstellari, ma anche diffuse specialmente sul piano galattico. Diffondono la luce stellare in modo selettivo, con effetto crescente dall'infrarosso all'ultravioletto con un massimo effetto alla lunghezza d'onda di 2180 angstrom.

Potenziale di eccitazione e di ionizzazione L'energia che va fornita a un atomo per portarlo dallo stato fondamentale (di minima energia) a uno stato eccitato, o per strappargli uno o più elettroni. In quest'ultimo caso l'atomo si dice ionizzato una o più volte.

Principio cosmologico Il modello di universo evolutivo assume che l'universo a grande scala a una data epoca sia lo stesso ovunque.

Principio cosmologico perfetto Il modello di universo stazionario assume che l'universo a grande scala e a qualsiasi epoca sia lo stesso ovunque.

Protone Nucleo dell'atomo di idrogeno. È una particella carica positivamente di massa $1,67 \times 10^{-24}$ grammi, composta da tre quark. Protoni e neutroni costituiscono i nuclei atomici.

Pulsar Stelle di neutroni in rapida rotazione che emettono impulsi elettromagnetici (più frequentemente nel dominio radio, talvolta anche nell'ottico, ultravioletto, raggi X e gamma) con periodi estremamente costanti compresi fra pochi secondi e millesimi di secondo.

Quark Particelle elementari, oggi imprigionate nei protoni e neutroni, e nelle particelle instabili dette mesoni.

Quasar Contrazione dell'espressione Quasi Stellar Radiosource. Sono nuclei centrali di lontane galassie, di dimensioni dell'ordine di qualche annoluce o anche settimane luce, emittenti onde radio e ottiche di forte intensità. La loro luminosità e le piccole dimensioni le danno un'apparenza stellare.

QSO Acronimo di Quasi Stellar Objects, nuclei di lontane galassie includenti sia i quasar che oggetti analoghi ma non emittenti nel dominio radio (detti anche radio quieti).

Radiante Unità di misura degli angoli. Un radiante è l'angolo che in una circonferenza sottende un arco di lunghezza eguale al raggio. Un radiante equivale a 57,3 gradi.

Radiazione fossile Fondo cosmico di microonde emittente come un corpo nero alla temperatura di 2,73 gradi kelvin, emesso dal plasma primordiale quando protoni ed elettroni si sono ricombinati a formare atomi neutri, quando erano trascorsi circa 300.000 anni dal «big bang».

Radiazioni elettromagnetiche Raggi gamma, raggi X, ultravioletto, luce, infrarosso, microonde, onde radio costituiscono l'intero spettro delle onde elettromagnetiche.

Raggi X Onde elettromagnetiche di lunghezze d'onda che vanno da qualche angstrom a qualche centinaio di angstrom, comprese fra i raggi gamma, che sono di lunghezza d'onda inferiore, e l'estremo ultravioletto, con lunghezze d'onda superiori.

Relatività ristretta e generale (teoria della) La teoria della relatività *ristretta* (Einstein 1905) considera il caso di corpi in moto rettilineo uniforme. Essa attesta l'inesistenza di osservatori e di sistemi di riferimento privilegiati per lo studio dei fenomeni meccanici e fisici e quindi l'inesistenza di uno spazio e un tempo assoluto. Al concetto newtoniano di spazio e tempo separati fra loro si sostituisce una struttura geometrica a quattro dimensioni di spaziotempo, in cui la velocità con cui scorre il tempo dipende dallo stato di moto dell'osservatore, e due eventi simultanei per un osservatore, non lo sono più per un osservatore in moto rispetto al primo. Dall'assunzione della costanza della velocità della luce c, confermata da numerosi esperimenti, segue la contrazione delle lunghezze e il rallentamento dei tempi in un sistema in moto rispetto a uno in quiete; che la massa di una particella in moto a velocità v tende a diventare infinita per v tendente a c, e l'equivalenza fra massa e energia secondo la relazione $E = mc^2$. La teoria della relatività *generale* (Einstein 1915), a differenza della relatività ristretta, tiene conto delle accelerazioni e in particolare della gravità. Lo spaziotempo è piano (euclideo) in assenza di materia. La presenza di una massa materiale, come ad esempio una stella o un pianeta, produce una curvatura dello spaziotempo che dà effetti identici a quelli osservati in conseguenza della gravitazione.

Sincrotone Macchina acceleratrice di particelle; in essa gli elettroni aventi velocità prossime a quella della luce in moto attraverso forti campi magnetici emettono radiazioni di alta frequenza (gamma, X e ultravioletti). Analogamente, si chiama radiazioni sincrotone quella emessa da galassie, resti di supernovae e pulsar, perché causata dal moto di elettroni in campi magnetici. Nella maggior parte dei casi la radiazione sincrotone emessa dai corpi celesti cade nel dominio radio perché sia gli elettroni che i campi magnetici hanno energie molto più basse di quelle che si raggiungono nelle macchine acceleratrici.

Solstizio Ciascuno dei due punti in cui l'eclittica è alla massima distanza dal piano dell'equatore; il solstizio d'estate si verifica il 21 giugno, quando vediamo il

Sole proiettato alla massima distanza sopra l'equatore nell'emisfero boreale e alla massima sotto l'equatore nell'emisfero australe (e ha inizio rispettivamente l'estate o l'inverno); d'inverno si verifica il 22 dicembre, quando vediamo il Sole alla massima distanza sotto l'equatore nell'emisfero boreale e alla massima sopra nell'emisfero australe (e ha inizio rispettivamente l'inverno o l'estate).

Spettro Il risultato, sotto forma di figura o diagramma, dell'analisi delle componenti di una grandezza ondulatoria in funzione di una caratteristica della grandezza considerata, quale la frequenza o la lunghezza d'onda o l'energia o la velocità. Per spettro di una stella o altro corpo celeste si intende la dispersione della luce da esso emessa. Si ottiene illuminando la fenditura di uno spettroscopio con la luce della stella o altro corpo luminoso. Lo spettroscopio fornisce una successione di immagini monocromatiche della fenditura che costituiscono lo spettro.

Spettroscopio Strumento che fornisce lo spettro di un corpo luminoso. È costituito da una sottile fenditura, che viene illuminata dall'oggetto di cui vogliamo lo spettro, e da un collimatore – lente nel cui fuoco si trova la fenditura e che rende paralleli i raggi divergenti uscenti dalla fenditura. Il fascio di raggi paralleli traversa un mezzo disperdente – prisma o reticolo di diffrazione –, i fasci monocromatici vengono raccolti da un'altra lente che forma una successione di immagini monocromatiche della fenditura, e cioè lo spettro, che può essere osservato visualmente, oppure fotografato (e allora si parla più correttamente di spettrografo), oppure misurato con un fotometro o altro rivelatore elettronico (spettrometro).

Spostamento verso il rosso (o *red shift*) Spostamento verso il rosso rispetto alla posizione di laboratorio delle righe presenti nello spettro delle galassie, conseguenza dell'espansione dell'universo. È indicato con la lettera z.

Stella di neutroni Stella di altissima densità – milioni di miliardi di volte la densità dell'acqua – e raggio di pochi chilometri, residuo dell'esplosione di una supernova. Quando i poli magnetici della stella nel corso della sua rotazione sono diretti verso la Terra si ricevono impulsi elettromagnetici tipici della pulsar.

Supernova Di tipo II, stella di grande massa (cinque o più volte la massa del Sole) che, giunta alla fine della sua evoluzione, si trasforma da centrale nucleare, quale è stata nel corso della sua vita, in una bomba nucleare che dà luogo a una serie di reazioni nucleari con formazione di tutti gli elementi e una tale produzione di energia che ne causa l'esplosione. Le supernovae di tipo I sono stelle doppie quasi a contatto, formate da una nana bianca di massa vicina al limite di Chandrasekhar e una stella normale che sta evolvendo verso la fase di gigante rossa. La materia della stella normale, cadendo sulla superficie della nana bianca fino a superare il limite di 1,4 masse solari, scatena un'esplosione con un aumento di splendore di miliardi di volte lo splendore iniziale. Supernovae di questo tipo hanno tutte praticamente lo stesso splendore intrinseco e rappresentano perciò delle eccellenti candele standard per la misura della distanza delle più lontane galassie.

Unità astronomica Si definisce unità astronomica la distanza Terra-Sole pari a 149,6 milioni di chilometri. Essa è usata soprattutto nell'ambito del sistema solare.

Universo aperto Universo a geometria piana o iperbolica, infinito nel tempo e nello spazio.

Universo chiuso Universo a geometria sferica, di dimensioni e durata finite.

Variabili (stelle) Stelle la cui luminosità non è costante, ma varia sia in modo regolare che semiregolare, o in modo completamente irregolare e non prevedibile.

Velocità angolare Angolo descritto da un corpo nell'unità di tempo. Per esempio, la velocità angolare della Terra nella sua orbita è di 360 gradi in 365,2422 giorni e cioè poco meno di un grado al giorno, mentre la velocità angolare di rotazione della Terra è di 360 gradi in 24 ore.

Velocità di fuga Si chiama velocità di fuga V la velocità minima necessaria per sfuggire all'attrazione gravitazionale di un corpo di massa M e raggio R: V è eguale alla radice quadrata di 2GM/R, dove G è la costante di gravitazione. V sarà tanto più grande quanto maggiore è M e più piccolo è R. La velocità di fuga dalla Terra è 11,2 km/sec, dalla Luna 2,4 km/sec, da Giove 61,1 km/sec, dal Sole 624 km/sec.

Via Lattea Come un arco biancastro attraversa tutto il cielo e rappresenta l'intersezione del piano della nostra Galassia, su cui si addensa il maggior numero di stelle, con la volta celeste. Spesso per Via Lattea si intende l'intera nostra Galassia, sebbene questa sia composta dal piano galattico, dal rigonfiamento centrale e dall'alone galattico.

Zenit Il punto in cui la verticale passante per un determinato luogo terrestre incontra la sfera celeste.

INDICI

INDICE DEI NOMI

Adams, John, 24.
Aldrin, Edwin, 75.
Anassagora, 99.
Aristarco, 4, 10-12, 17.
Aristotele, 12, 15-16, 99.
Armstrong, Neil, 75.

Bentley, Richard, 17.
Bode, Johannes Elert, 24.
Bohr, Niels, 32.
Bondi, Hermann, 137.
Bradley, James, 18.
Brahe, Tycho, 10, 14.
Bruno, Giordano, 99.

Cannon, Annie, 27-28, 106.
Cendon, Aline, V.
Cocconi, Giuseppe, 104.
Collins, Michael, 75.
Colombo, Giuseppe, VI.
Copernico, Niccolò, 4, 12-13, 16-18.

De Bernardis, Paolo, 145.
Dilena, Loris, V.
Drake, Frank, 104.
Draper, Henry, 27, 106.

Eddington, A.S., 115.
Einstein, Albert, VI, 16-17, 33, 58, 110, 148.
Epicuro, 99.
Eratostene, 4.
Eudosso, 4.

Ferluga, Steno, VI.
Fraunhofer, Josef von, 25.

Galilei, Galileo, VI, 13-18, 34, 61, 75, 88, 99.
Galle, Johann Gottfried, 24.
Gamow, George, 138-40.
Giotto, 18.
Giulio Cesare, 72.
Gold, Thomas, 137.
Gregorio XIII, 72.

Halley, Edmond, 17.
Hartmann, Julius Friedrich George, 33, 129.
Herschel, famiglia, 22-23.
Herschel, Carolina, 22.
Herschel, John, 22.
Herschel, William, 22-24, 128.
Herzsprung, Eynar, 113.
Hoyle, Fred, 137.
Hubble, Edwin, 33, 133, 135-37, 141, 143.

Ipparco, 4, 9-10, 17.

Jansky, Karl, 34, 98.
Jeans, James, 100.

Kapteyn, Jacobus Cornelius, 23, 128.
Keplero, Giovanni, 10, 13-14, 16-17.
Kirchhoff, Gustav Robert, 30.

Leavitt, Henrietta, 119, 136.
Le Verrier, Urban, 24.

Major, Michel, 101.
Morrison, Philip, 104.

Newton, Isaac, VI, 16-18, 24-25, 33, 45.

Occhialini, Giuseppe, 55.

Penzias, Arno, 138-39.
Piazzi, Giuseppe, 24, 83.
Planck, Max, 31-32.
Plinio il Vecchio, 4.

Queloz, Didier, 101.

Rubbia, Carlo, 147.
Russell, Henry Norris, 113.

Saha, Megh Nad, 32, 117.
Salam, Abdus, 146.

Schiaparelli, Giovanni Virginio, 82, 99.
Secchi, Angelo, 25, 27, 30, 59.
Shapley, Harlow, 23, 33-34, 128, 133.

Talete, 99.
Tietz, Johann Daniel (Titius), 24.
Tolomeo, 4, 17.
Trumpler, Robert, 33, 129.

Weinberg, Steven, 146.
Wilson, Robert, 138.

Zwicky, Fritz, 131.

INDICE DEL VOLUME

PREFAZIONE V

CAPITOLO I
STORIA DELL'ASTRONOMIA DALL'OSSERVAZIONE A OCCHIO NUDO AI RADIOTELESCOPI

1. Astronomia, astrofisica e astrologia   3
   Astronomi dell'antica Grecia, p. 4

2. L'astronomia dell'osservazione a occhio nudo   6
   Le stelle, p. 7
   Le tre leggi di Keplero, p. 13

3. L'introduzione del cannocchiale   14
   Aberrazione e parallasse, p. 19

4. Dai pianeti alle stelle   22
   Legge di Titius-Bode, p. 24

5. La nascita dell'astrofisica   25
   La legge di Kirchhoff, p. 30

6. Il XX secolo   33

7. La radioastronomia e l'era spaziale   34

8. Gli osservatorî astronomici, passati e presenti, a terra e nello spazio   35
   Itinerario di un'astrofisica, p. 37

9. Telescopi in orbita   44
   Tipi di telescopi, p. 45
   Limiti della temperatura, p. 48

10. Radiotelescopi 50
    Gamma burst, p. 54

CAPITOLO 2
IL SOLE E IL SISTEMA SOLARE
IL SOLE

1. La struttura del Sole 57
2. L'attività solare 61

   I PIANETI

3. Pianeti terrestri e pianeti giganti 63
4. Mercurio 64
5. Venere 65
6. Terra 65
   6.1 *I moti*, p. 71
7. La Luna, il satellite della Terra 74
8. Eclissi solari e lunari 78
9. Marte 81
10. La fascia degli asteroidi 83
11. Giove e i suoi satelliti (e l'anello) 86
12. Saturno 88
13. Urano 90
14. Nettuno 92
15. Plutone 93
16. Le comete. La fascia di Kuiper e la nube di Oort 94
17. Viaggi spaziali e satelliti artificiali 98
18. Possibilità di vita nell'universo. I pianeti extrasolari e le condizioni necessarie alla vita 99

CAPITOLO 3
LE STELLE

1. Costellazioni e nomi delle stelle — 105

2. La struttura delle stelle — 106
   Magnitudini apparenti e assolute, p. 108
   **Il diagramma Herzsprung-Russell
   e la relazione massa-luminosità**, p. 113

3. Le stelle variabili — 118
   Stelle variabili e stelle binarie, p. 124

CAPITOLO 4
LA GALASSIA E L'UNIVERSO EXTRAGALATTICO

1. La nostra galassia — 127

2. L'universo extragalattico — 133
   Tipi di galassie, p. 134

3. Modelli sulla nascita dell'universo — 137

4. L'età dell'universo — 141

5. La struttura attuale dell'universo — 144

6. L'origine dell'universo — 147

Glossario — 149

Indice dei nomi — 161

Annotazioni

Annotazioni

Annotazioni